工业和信息化普通高等教育"十二五"规划教材立项项目

21 世纪高等学校计算机规划教材

21st Century University Planned Textbooks of Computer Science

网页制作案例教程

Web Homepage Design Case Tutorial

陈建孝 陆锡聪 余晓春 江玉珍 编著

高校系列

人民邮电出版社

北 京

图书在版编目（CIP）数据

网页制作案例教程 / 陈建孝等编著. -- 北京：人
民邮电出版社，2012.9（2015.12重印）
21世纪高等学校计算机规划教材
ISBN 978-7-115-27092-4

Ⅰ. ①网… Ⅱ. ①陈… Ⅲ. ①网页制作工具－高等学
校－教材 Ⅳ. ①TP393.092

中国版本图书馆CIP数据核字(2012)第117893号

内 容 提 要

本书详细介绍网页制作的基础知识和使用网页制作的4款工具软件Dreamweaver、Fireworks、Photoshop和Flash
最新版本CS5进行网页设计、图形创作、图像处理及动画制作的方法和技巧，并通过综合案例介绍这些软件在网
站设计上的融合与贯通。

全书以案例驱动形式，遵循由浅入深、循序渐进的原则进行编排，内容全面，重点突出，实例丰富，步骤清
晰，旨在把理论知识融入实际操作中，力求易教易学。

本书可作为高等院校"网页设计与制作"课程的教材，也可作为网页设计爱好者的入门读物。

21 世纪高等学校计算机规划教材

网页制作案例教程

◆ 编　　著　陈建孝　陆锡聪　余晓春　江玉珍

　　责任编辑　武恩玉

◆ 人民邮电出版社出版发行　北京市丰台区成寿寺路 11 号
　　邮编 100164　电子邮件 315@ptpress.com.cn
　　网址 http://www.ptpress.com.cn
　　三河市海波印务有限公司印刷

◆ 开本：787×1092　1/16
　　印张：17.25　　　　　2012 年 9 月第 1 版
　　字数：454 千字　　　2015 年 12 月河北第 5 次印刷

ISBN 978-7-115-27092-4

定价：35.00 元

读者服务热线：(010)81055256　印装质量热线：(010)81055316
反盗版热线：(010)81055315

前　言

在网络越来越深入人类生活的现代信息化社会，Internet 的应用已普及到了生活、学习和工作等各个层面。Internet 网站作为政府、企业和个人的形象、产品等的信息宣传平台，越来越受到人们的重视，因此越来越多的人从事网站建设和维护工作，网页的设计与制作成为许多人渴望掌握的技能之一。

作者在分析了国内外多种同类教材的基础上，结合高等学校计算机基础教学发展趋势，根据近几年教学改革的实践经验，按照社会对各类人才网络知识和技能的高标准要求，编写了本书。

本着由浅入深、循序渐进的原则，全书系统地对网页设计基础知识、工具软件功能使用和实际应用开发等进行了讲解，内容翔实，图文并茂，操作直观，实例丰富，在理论介绍的同时注重实际操作，使读者能够在实践中轻松掌握网页制作技巧与网页设计工具的使用方法，进而能在实际中应用。

本书章节内容按照高等院校普遍使用的教学大纲进行编排，并具有如下特点。

（1）内容新颖。包含了目前流行的、较新的 4 款经典网页制作软件——Dreamweaver CS5、Fireworks CS5、Photoshop CS5 和 Flash CS5。这些软件组成了一套优秀的也是目前流行的网页制作和网站管理软件。

（2）简单实用。本书最为突出的特点是实用。既注重了网页制作过程的讲解，同时还较为全面地介绍了网页设计的方法等。不但有理论的阐述，更注重实践的操作，使读者学习完本书后即可独立地制作、发布功能完善的网页。

（3）循序渐进。从网页设计的入门基础知识开始，全面系统地介绍了网页设计、制作与发布的全过程以及网站开发的基本知识。其中包括非可视化的网页编辑语言 HTML、构建网页基本结构的软件、图像处理软件以及动态网页制作软件等。

（4）案例驱动。每章都引用各种例子进行讲解，章末基本上都有使用该软件制作网页的综合实例，并且给出了相关的技巧提示。每章还给出相应的练习题，可作为学生作业和上机实验时的内容。

本教材配备完善的教学资源，包括：

① 教学课件；

② 相关素材文件；

③ 网络考试软件系统及题库。

我们竭诚为使用本教材的学校提供教学服务。教学课件和相关素材文件请登录人民邮电出版社教学服务与资源网（http://www.ptpedu.com.cn）下载。

本书由陈建孝拟定提纲并对全书统稿。参加编写的主要有陆锡聪、余晓春、江玉珍等，4 位老师均具有丰富的教学实践经验。其中第 1 章～第 2 章由陈建孝编写，第 3 章～第 8 章由余晓春编写，第 9 章～第 10 章由江玉珍编写，第 11 章～第 12 章由陆锡聪编写。

本书的编写得到韩山师范学院各级领导的关心和支持。在编写过程中，林清滢、郑晓菊、林璇、王晓辉、陈维惠参与编写大纲的讨论并协助编写、审核部分章节的内容，在此一并表示感谢。

由于作者水平有限，时间仓促，书中难免有不妥和错误之处，恳请读者批评指正。

编　者
2012 年 5 月

目 录

第1章
网站与网页概述

- 了解 Internet、Web、网站及网页的基本概念
- 了解网站、网页与主页之间的相互关系
- 掌握网站建立及管理方法
- 了解网站的开发设计应遵循的基本原则
- 了解网页设计的常用工具软件

1.1　网站与网页基础知识

网站规划与网页制作是一项综合性非常强的工作，需要设计者具备一定的 Internet 基础知识，理解 Web 的工作原理，对网页的类型风格和网页制作软件有所认识，才能有目标、有步骤、有方法地开展开发设计工作。

1.1.1　Internet 与 Web

Internet 中文译名为因特网，又叫做国际互联网。它是由使用公用语言互相通信的计算机连接而成的全球网络。Internet 起源于美国，前身是美国国防部资助建成的 ARPANET 网络。ARPANET 网络始建于 1969 年，该项目实现了信息的远程传送和广域分布式处理，且比较好地解决了异地网络互联的技术问题，为 Internet 的诞生和以后的发展奠定了基础。随后不久推出的 TCP/IP（传输控制协议/互联网络协议）扫清了计算机互联的主要技术障碍，从根本上解决了不同类型计算机系统之间通信的问题。此后，网络进入了一个大发展时期。目前，Internet 已成为世界上覆盖面最广、规模最大、信息资源最丰富的计算机网络。Internet 的用户遍及全球，有数亿人在使用 Internet，并且它的用户数还在不断地快速增长。对计算机用户而言，Internet 的应用使他们不再被束缚于分散的计算机上，而使他们能够脱离特定网络的约束。用户只要拥有一台计算机和一个网络接入设备，然后向 Internet 服务提供商（Internet Services Provider, ISP）申请一个账号，便可进入 Internet，共享网上其他计算机系统中的资源，相互通信和交换信息。因此，Internet 已成为人们走向世界、了解世界、与世界沟通的重要窗口。

Internet 的发展之所以如此迅猛，一个很重要的原因是它提供了许多受大众欢迎的服务，包括：WWW（万维网）、E-mail（电子邮件）、FTP（文件传输协议）、Telnet（远程登录）、Gopher（一种由菜单式驱动的信息查询工具）和 BBS（电子公告牌服务）等。

如果说 Internet 采用超文本和超媒体的信息组织方式将信息的链接扩展到整个 Internet 上，那

么，Web 就是一种超文本信息系统。Web 的一个主要概念就是超文本链接，它使得文本不再像一本书一样是固定的线性的，而可以从一个位置跳到另外的位置，从而可获取更多的相关信息。许多新闻网站，如搜狐、新浪等，当我们单击选择一个新闻主题后，就会显示出相关新闻的内容，同时也会提供相似的或相关的其他主题供我们选择，这正是 Web 特有的多链接性。

1.1.2　Web 的工作原理

Web 是由分布在 Internet 中的 Web 服务器组成的。所谓 Web 服务器，就是那些对信息进行组织、存储并将其发布到 Internet 中去，从而使得 Internet 中的其他计算机可以访问这些信息的计算机。

在 Web 中使用的通信协议是 HTTP 协议，通过 HTTP 协议实现客户端（浏览器）与 Web 服务器的信息交换。当用户通过浏览器向 Web 服务器提出 HTTP 请求时，Web 服务器根据请求调出相应的网页文件，网页文件类型有 HTML、XML、ASP 和 JSP。对 HTML 和 XML 文档，Web 服务器直接将该文档返回给客户端浏览器；而对 ASP 和 JSP 文档，Web 服务器则首先执行文档中的服务器脚本程序，然后把执行结果返回。

Web 的基本工作原理如图 1-1 所示。

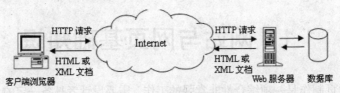

图 1-1　Web 的工作原理

现在，许多 Web 应用都是和数据库结合在一起的，服务器端脚本程序主要负责通过 ODBC（Open Database Connectivity，开放数据库互连）与数据库服务器建立连接，完成必要的查询、插入、删除、更新等数据库操作，然后利用获得的数据产生一个新的、包含动态数据的 HTML 或 XML 文档，并将其发送回客户端浏览器，最后由浏览器解释并显示数据及信息。XML（Extensible Markup Language）为可扩展标记语言，它与 HTML 一样都是标准通用标记语言。

1.1.3　网站、网页与主页

网站（Website），就是指在 Internet 上向全世界发布信息的站点。它是根据一定的规则，使用 HTML 等工具制作的、建立在网络服务器上的一组相关网页的集合。网站是一种信息平台，它通常提供网页服务（Web Server）、数据传输服务（Ftp Server）、邮件服务（Mail Server）和数据库服务（Database Server）等多种服务。

网页（Web Page），是网站提供信息服务的主要形式。网页主要用于展示网站中特定的内容，要使用网页浏览器来阅读。网页尽管可以有多种格式，但通用标准是超文本标记语言（HyperText Markup Language，HTML）。这种语言可以用于创建辅以图像、声音、动画和超级链接的格式化文本。另一种比较流行的语言是 XML，它是 HTML 的衍生语言。当使用 HTML 和 XML 制作静态网页不能满足需求时，还可以使用 CGI、JSP、ASP 和 PHP 等技术建立动态网页。

网站是一组相关网页的集合，而网页是网站中的一个页面。如果将 Internet 上的资源看成为一个大型的图书馆，那么"网站"就像图书馆里各式各类的书，而"网页"则是书中具体的某一页。在 Internet 中，每个网页都具有唯一的地址，即"网址"。网址由 URL（Uniform Resource Locator，统一资源定位器）指定其在 Internet 上的位置。

主页（homepage）是网站中最重要的页面，是整个网站的导航中心，它提供全面的网站信息链接，能够使访问者快速地了解网站的概貌。除主页外，网站中由主页链接的其他网页称为"内页"或"栏目页"。进入一个网站时看到的第一页是首页，许多网站的首页就是主页，但有些网站将首页与主页分开，此时首页与主页就像一本书的封面与目录一样。

1.1.4　静态网页与动态网页

根据网页制作的技术及网页功能，网页通常分为静态网页和动态网页。

静态网页及动态网页的区别并非指网页上是否存在"动态视觉效果"，而是指其网站上是否运用了动态网页生成技术。

静态网页是指纯粹 HTML 格式的网页，早期的网站一般都是由静态网页构成的。每个静态网页都有一个固定的 URL，其 URL 以".htm"、".html"、".shtml"、".xml"等常见形式为后缀，且不含有"？"，如"http://sports.sina.com.cn/k/2011-06-01/10055601835.shtml"。

静态并不是指网页中的元素都是静止不动的，而是指网页被浏览时，在 Web 服务器中不再发生动态改变（没有表单处理程序或者其他应用程序的执行），因此网页不是即时生成的。在静态网页上，仍可以看到一些 GIF 动画、Flash 动画等视觉上的"动态效果"。

动态网页是与静态网页相对而言的，它并不是独立存在于服务器上的网页文件，只有当用户请求时服务器才返回一个完整的网页。动态网页中除了普通网页的元素外，还包括一些应用程序，这些应用程序使浏览器与 Web 服务器之间发生交互行为，而且应用程序的执行需要应用程序服务器才能够完成。

动态网页的 URL 以".asp"、".jsp"、".php"、".perl"、".cgi"等为后缀，且在动态网页网址中有一个标志性的符号"？"，如"http://mail.163.com/errorpage/err_163.htm?errorType=460&errorUsername=abcde @163.com"。

运用了动态网页技术的网站可以实现更多的功能，如用户注册、用户登录、在线调查、用户管理、订单管理等，其通常以数据库技术为基础，开发难度及工作量比只有静态网页的网站要大，但在后期的网站维护及更新上却更为灵活便利。

1.2　网站建立及管理

如果想在 Internet 上建立自己的 Web 站点，必须先注册域名并申请网站空间。只有注册了域名并申请了网站空间后，才能将用户制作的网页发布到该空间上供他人浏览。

1.2.1　注册域名

注册域名是在 Internet 上建立网站服务的基础，一个好记而漂亮的域名对一个网站的成功运营起着不可估量的作用。在设计域名时，要注意以下两点。

1．域名应简明易记，便于输入

一个好的域名最好能采用短而易记的拼音或单词，朗朗上口，让人看一眼就能记住。事实证明，过长的域名往往难以被人们记住，这样网站也难以得到推广。

2．域名要有一定的内涵和意义

有一定内涵和意义的域名，不但可记性好，而且有助于实现企业的营销目标。如企业名称、产品名称、商标名、品牌名等都是不错的选择，这样能提高企业的营销目标，使域名与品牌更好地结合在一起，加深人们对企业的印象。

中国互联网络信息中心（CNNIC，网址：www.cnnic.net.cn）是我国域名注册管理机构和域名服务器运行机构。CNNIC 经国家信息产业部批准，负责运行和管理国家顶级域名".cn"、中文域名系统及通用网址系统，以专业技术为全球用户提供不间断的域名注册、域名解析和 Whois 查询服务。图 1-2 为 CNNIC 网站，通过该网站用户可自主选择域名注册服务机构来注册自己的域名。

图 1-2　CNNIC 网站

域名注册通常有两种形式：收费的域名和免费的域名。实际上，目前大多数域名是收费的，免费的域名已越来越少了。采用收费的注册域名其服务更有保证，功能也比较齐全。

CNNIC 对域名的注册采用"先申请先注册"的原则，没有预留服务，即便注册者是著名品牌或大公司，其域名一旦被别的公司抢注就没有办法挽回了。由于域名是"企业的网上商标"，具有唯一性，所以，要尽快注册自己公司想要的域名。目前国内有多家 ISP（Internet 服务提供商）为 CNNIC 代理这项业务。

1.2.2　申请网站空间

网站是建立在网络服务器上的一组 Web 文件，需要占据一定的服务器硬盘空间。网站建设者可通过以下方式建立网站空间。

1．使用免费网站空间

注册后，有的 ISP 会附加提供一个免费的网站空间供用户直接上传要发布的网页。但免费网站空间中用户的权限往往受到很大限制，许多高级功能都不能使用。

2．租用虚拟主机

用户通过 ISP 网站平台实现租借，例如"中国万网"（网址：www.net.cn），如图 1-3 所示；"你好万维网"（网址：www.nihao.net），如图 1-4 所示。这些 ISP 网站平台上面提供了很多网站类型，有不同的网站空间大小和邮箱数量等。用户可根据自己的需要选择合适的类型进行购买。成功申请网站空间后需按年向 ISP 交纳一定费用。这种方式的特点是多个用户共用一个服务器，但各用户分占不同的硬盘空间，使用不同域名和不同的 IP 地址，这样对每一个用户而言，是感觉不到其他用户存在的。

图 1-3　中国万网

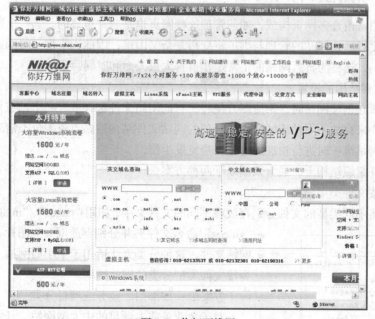

图 1-4　你好万维网

3. 租用专用服务器

该方式与租用虚拟主机相似，不同的是服务器只供一个用户使用，服务器性能稳定、效率高。但费用比租用虚拟主机要高得多。目前租用虚拟主机和租用专用服务器是企业建立网站最常用的方式。

4. 使用自己的服务器

用户也可以购买自己的服务器，选择好 ISP 后将服务器接入 Internet，这样网站就可建立到自己的服务器上，在这种方式下用户对服务器拥有最高的管理权和控制权。

1.2.3　上传网站内容

确定了服务器"地址"、"用户名"和"密码"后，用户就可以上传 Web 文件了。网站上传的实现方法有 3 种。

1. 使用 IE 浏览器上传文件

使用 IE 浏览器上传文件时，通过 FTP 方式登录 ISP 服务器，即在 IE 浏览器地址栏中输入"FTP://"加 ISP 的 IP 地址。转入后服务器需要输入用户名和密码进行登录，然后就可以同操作 Windows 的文件管理器一样管理用户的网站空间了。

2. 使用专业的 FTP 工具上传文件

专业的网站技术人员希望能够更好地控制传输的过程，如随时知道正在传输哪个文件，已经传输了多少。这可以使用专业的 FTP 工具来进行传输。专业的 FTP 工具很多，如 CuteFTP 和 LeapFTP 等。

3. 使用 Dreamweaver 上传文件

网页制作工具 Dreamweaver 也提供了上传文件的操作，选择菜单栏"站点/管理站点"选项，可以选择服务器的访问方式，设置服务器参数并实现网站内容的上传。具体操作方法见本书后面相关章节。

1.2.4　网站维护管理方法

一个网站通常由许多网页构成，如何管理这些网页也是非常重要的。当一个网站的网页数量增加到一定程度以后，网站的管理与维护将变得复杂又困难，因此，掌握一些网站管理与维护技术是非常重要的，这将为日后网站的正常运作节省大量人力和时间。

1. 网站文件结构的设置

网站开发者在创建网站时，不应图方便将所有的网站文件都存放在一个站点目录下，而要使用不同的文件夹来存放不同性质的文件。合理的网站文件结构使站点资源分类清晰，便于开发者及管理者在对网站维护时进行快速的定位，避免发生错误。

在网站文件组织结构上，通常采用以下两种方案。

方案一：按文件类型分类

开发者可将不同类型的文件分别存放在不同的文件夹中，如用"pages"、"images"、"sounds"、"videos"命名文件夹并分别存放网页、图片、音频、视频等网站文件，这种分类方法适用于中小型网站。如图 1-5 所示为按文件类型分类的网站结构。

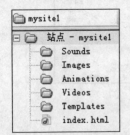

图 1-5　按文件类型分类的网站结构

方案二：按部门、业务或项目分类

对于多业务或多项目的中大型网站，开发者可将网站资源按不同的主题或业务性质进行分类存放。如企业网站可用"company"、"product"、"news"、"service"及"market"等命名文件夹，分别存放"公司介绍"、"产品介绍"、"新闻中心"、"服务中心"及"销售网络"等不同项目的网页及相关资料。对于较大型的网站，按部分、业务或项目分类后，还可以采用方案一的方式再对同一项目内的文件按类型进一步细分及存储。如图 1-6 所示为按部门、业务或项目分类的网站结构。

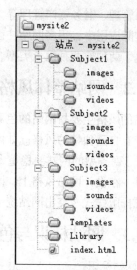

2. 网站文件管理原则

（1）在进行网站开发之前，开发者就应具备管理网站存储目录的意识，并事先建立合适的网站文件结构，这将给以后的开发工作带来很多方便。

（2）网站的首页文件通常是 "index.html"，它必须存放在网站的根目录中。

（3）网站使用的所有文件都必须存放在站点的文件夹或者子文件夹中。用 URL 方式进行链接的内容或者页面可以不存放在站点文件夹中。

（4）相同路径下的文件或文件夹不能同名。

（5）尽量不要通过文件操作方式直接进行网站文

图 1-6　按部门、业务或项目分类的网站结构

件的删除、重命名或移动等，这样容易使已经设计好的网页出现链接错误。所有这些操作应通过站点管理器来完成。

1.3　网站的开发设计

建立一个网站不仅仅是完成一组网页的设计，一个优秀的网站应事先进行一系列的调查、分析和规划。首先应做好充分的市场调查和目标分析，明确网站的类型和设计目标，对网站的内容、风格及技术等做出恰当的定位，在提出一个合理方案的基础上再实现网站开发。一个经过认真策划和设计的网站，是艺术和技术的完美体现。

1.3.1　网站类型的确定

Internet 上的网站种类繁多，按功能和主体性质的不同可分成以下几类。

1. 门户网站

门户网站是 Internet 上最普遍的形式之一，包括政府门户信息网站、企业/行业/协会门户网站、新闻门户网站（如搜狐、新浪等），主要用于展示网站独特的信息，提供各种服务等。门户网站的特点是内容丰富，通常非常注重网站与用户之间的交流。

2. 商务网站

该类网站实现网上商品交易，可以是商家对商家（B2B），也可以是商家对消费者（B2C）。该类网站的特点是以从事电子商务为主，要求网站中运行的程序要具备极高的安全性和稳定性。

3. 个人网站

个人网站是用于发布个人信息及相关内容的网站。目前个人网站更多是以 "博客" 的形式呈现在网络上。博客（Blogger）指写 Blog 的人，Blog 是 "网络日志"。具体来说，博客这个概念一般指使用特定的软件，在网络上出版、发表和张贴个人文章的人。

4. 办公网站

办公网站是企事业单位为实现办公自动化而建立的内部网站，主要功能是实现办公事务管理、

人力资源管理、财务资产管理等，相当于一个网上的办公管理软件。

在实际应用中，很多网站往往不能简单地归为某一种类型，无论是建站目的还是表现形式都可能涵盖了两种或两种以上类型。明确所开发网站的类型才能更好地完成设计目标。

1.3.2　网站整体风格的定位

网站的风格主要指网站的色彩、版式等方面给浏览者的整体视觉感受。不同类型不同主题的网站，应有自己独特的风格。如内容型网站的设计应简洁整齐，不需要太多花哨的装饰以转移读者的视线。商务型的网站要稳重大方，各功能模块易看易用，给人业务繁忙但可靠可信任的感觉。整体上讲，在设计网站风格上，既要突出网站的 Logo 标识，又要让网站主页和内页均具备一致的色调或排版样式，突出网站统一的特有风格。

1.3.3　网站标识与色彩设计

1．网站标识

网站标识也称为网站 Logo。如同商品的商标一样，网站 Logo 是传播特殊信息的视觉文化语言，是站点特色和内涵的体现，其作用是加深访问者对网站的印象，提高网站的知名度，并最终形成网站文化的标志。

网站 Logo 可以是字母、文字、符号或图案，也可以是文字加图案的结合体。在设计网站 Logo 时应遵循以下原则：①构图简洁，个性突出；②形象生动，易于识别；③内涵明确，精美隽永。以下是一些大家非常熟悉的 Logo 个例，其中图 1-7 所示为搜狐网 Logo，图 1-8 所示为新浪网 logo，图 1-9 所示为太平洋网 Logo，图 1-10 所示为百度系列 Logo，其中左图为普通工作日 Logo，中间图为"520"Logo，右图为"中秋节"Logo。

图 1-7　搜狐网 Logo　　　　图 1-8　新浪网 Logo　　　　图 1-9　太平洋网 Logo

图 1-10　百度系列 Logo

2．网站色彩设计

色彩是人的视觉元素之一，不同的色彩有着不同的象征意义，代表不同的情感及理解。网站色彩的运用是网站设计中一个相当重要的环节，这将直接影响到访问者对网站的整体评价。其中，网站标准色彩要用于网站的标志、标题、主菜单和主色块，给人以整体统一的感觉。至于其他色彩也可以使用，但只是作为点缀和衬托，绝不能喧宾夺主。适合于网页标准色的颜色有蓝色、黄/橙色、黑/灰/白色 3 大系列色，要注意色彩的合理搭配。一般来说，一个网站的标准色彩不超过 3 种，太多则让人眼花缭乱。

1.3.4　网站导航与布局设计

1. 网站导航设计

一个优秀网站应具备良好的导航功能，导航的作用是引导访问者游历网站的各类信息。所以，网站的主页及内页建议使用相同的导航栏，并置于相同的位置上。导航栏的设计要醒目，既可以是文本链接，也可以是一些图形按钮。导航栏通常位于网页的顶部或一侧。

2. 版面布局设计

网站设计者在进行整体的网页排版布局时，如何综合运用文字、图片、色彩、网站 Logo、导航等元素，设计出令人满意的、风格独特且具备美感的页面效果呢？网页版面设计可能更需要经验，对新手而言，参考大量优秀网站的设计不失为一个增加灵感的方式。一个好的网页布局应该给人一种平稳、成熟的感觉，不仅表现在文字、图像的恰当运用上，还体现在色彩的巧妙搭配，形成整体协调美观的页面效果。

在网页布局设计上，最好先进行纸上草案绘制，综合考虑各种元素的对称性、对比性、疏密度、比例分布等因素，不断精细化、具体化，然后再定稿。一些布局上的不足之处可以用小方法进行修正，如网页的白色背景太单调，则可以加入底纹或色块；又如版面太零散，可以用线条和符号串联紧凑化。这样，经过不断的尝试和推敲，网页一定会生动亮丽起来。

1.4　网页制作的主要工具软件

"工欲善其事，必先利其器"，正确选择合适的网页制作工具，是高效制作优秀网页作品的第一步。以下介绍常用的网页制作工具软件。

1.4.1　网页设计软件——Dreamweaver

Dreamweaver 是一款"所见即所得"的网页编辑工具，其用户界面非常友好易用，为网页设计者带来了很大的便利。它采用多种先进技术，能快速有效地创建极具表现力和动感效果的网页，使网页创作过程变得非常简单。Dreamweaver 既是一款专业的 HTML 编辑器，也支持最新的 XHTML 和 CSS 标准，还可以在其中使用服务器语言(如 ASP、ASP.NET、JSP 和 PHP 等) 生成支持动态数据库的 Web 应用程序。值得称道的是，Dreamweaver 不仅提供了强大的网页编辑功能，而且提供了完善的站点管理机制，可以说，它是一个集网页创作和站点管理两大利器于一身的创作工具。图 1-11 所示为 Dreamweaver CS5 启动界面。

图 1-11　Dreamweaver CS5 启动界面

1.4.2　动画设计软件——Flash

Flash 是一款优秀的网页动画制作软件，主要应用于网页设计和多媒体创作等领域。Flash 可以很方便地将音乐、声效、图画以及动画随心所欲地结合起来。利用它，网页设计者可以创作出漂亮而富有新意的导航界面。Flash 不仅功能强大，而且易学易用，最吸引人的是用 Flash 生成的 SWF 作品文件"体积"小得出奇，并且可以以插件的形式直接插入到网页中，通常几分钟的复杂动画才几百 KB 大小，是目前网络中最常用的动画格式。图 1-12 所示为 Flash CS5 启动界面。

图 1-12　Flash CS5 启动界面

1.4.3　网页图形处理软件——Fireworks

Fireworks 是一款真正的网页图形图像处理软件，它与 Dreamweaver 结合得很紧密，只要将 Dreamweaver 的默认图像编辑器设为 Fireworks，那么在 Fireworks 里修改的文件将立即在 Dreamweaver 里更新。Fireworks 的主要功能是设计图案，它很完整地支持网页十六进制的色彩模式，提供安全色盘的使用和转换，使图形切割、影像对应、背景透明等网页图片的常规操作变得简单便捷。Fireworks 可用于设计动态按钮等网页元素，甚至用 Fireworks 可直接设计精美的网站首页。图 1-13 所示为 Fireworks CS5 启动界面。

图 1-13　Fireworks CS5 启动界面

1.4.4　图像处理软件——Photoshop

Photoshop 是一款专业的图像处理软件，也是目前畅销的图像编辑软件。Photoshop 功能强大，为美工设计人员提供了广阔的创意空间，无论是对颜色、明度、色彩的调整，还是对轮廓、滤镜的特效设计，Photoshop 均做到了游刃有余，尽善尽美。目前，Photoshop 广泛应用于网页图像编辑、桌面出版、广告设计、婚纱摄影等各行各业，成为许多涉及图像处理的行业的事实标准。图 1-14 所示为 Photoshop CS5 启动界面。

图 1-14　Photoshop CS5 启动界面

在以上介绍的 4 种工具软件中，Photoshop 由美国 Adobe 公司开发，而 Dreamweaver、Flash 和 Fireworks 最初是美国 Macromedia 公司的产品，2005 年 4 月 Macromedia 公司被 Adobe 公司收购，Dreamweaver、Flash 和 Fireworks 同 Photoshop 一起成为了 Adobe 的系列产品（Adobe Creative Suite），目前系列产品的最新版本为 CS5，即：Dreamweaver CS5、Flash CS5、Fireworks CS5 和 Photoshop CS5。CS5 系列中不同应用程序的工作区具有相同的外观，初学者可以在应用程序之间轻松过渡，融会贯通。

小　　结

Internet 网站作为信息交流平台与人们的日常生活息息相关，网站建设维护及网页设计制作也成为当今高素质人才所必须掌握的技能之一。本章介绍网站与网页的相关概念和基础知识，重点讲解网站建立的方法和管理技术，分析网站设计要则及建站前的准备工作。设计者需要具备一定的网络基础知识，掌握各种多媒体处理技术，才能从容地应对开发过程中遇到的各种问题。

作业与实验

一、单选题

1. 关于站点与网页说法不正确的是（　　）。
   A. 制作网页时，常把本地计算机的文件夹模拟成远程服务器的文件夹，因此本地文件夹也称为本地站点
   B. 制作完成的网页最后要放置在 Web Server 上
   C. 完成作品后再将本地文件夹里完成的作品上传到服务器中成为真正的网站，服务器即远端站点
   D. 制作者可以在服务器上制作网页

2. 关于首页和主页，不正确的说法是（　　）。
   A. 浏览网站时最先访问的页为首页
   B. 首页就是主页，没有区别
   C. 主页是整个网站的导航中心
   D. 首页和主页可以是同一页

3. 在同一站点下的网页之间链接使用的路径是（　　）。
   A. 绝对路径
   B. 完全路径
   C. 相对路径
   D. 基于站点根目录的相对路径

4. 浏览器是一种（　　）。
   A. 系统程序
   B. 编程工具
   C. 服务器端程序
   D. 客户端程序

5. 下列几个表示中，正确的主页地址是（　　）。
   A. http://www.baidu.com/
   B. http://www,baidu.com/
   C. www@baidu.com
   D. www@baidu,com

6. 域名 ".edu" 表示( )。

    A. 教育机构   B. 商业组织   C. 政府部门   D. 国际组织

7. WWW 浏览采用 ( ) 的信息组织方式。

    A. 超文本和超链接   B. 超媒体和超链接

    C. 超文本和超媒体   D. 以上都不是

8. 网页是用 ( ) 编写，通过 WWW 传播，并被 WEB 浏览器翻译成为可以显示出来的集文本、超链接、图片、声音和动画、视频等信息元素为一体的页面文件。

    A. C++语言   B. C 语言   C. HTML 语言   D. Basic 语言

二、问答题

1. 人们可以使用连接到 Internet 的计算机查看 Internet 上的网页，请按自己的理解描述在浏览网页的过程中，信息传递的方式和过程。

2. 试说明网站的主题分类和选择主题的原则。

3. 申请网站空间有哪几种方式？简述建立一个网站的过程。

三、实验题

打开搜狐网主页（http://www.sohu.com），了解搜狐网的主要版块和栏目，说说该网站属于哪种网站类型，具有什么特点。

第2章
HTML 入门

- 认识 HTML 的作用，了解 HTML 代码的编写特点
- 掌握查看网页代码、修改网页代码的方法
- 掌握 HTML 常用标记及其属性的用法
- 掌握运用 HTML 编写网页表格、列表、框架和实现超级链接的方法
- 掌握运用 HTML 实现图片、音频、视频/动画等媒体文件在网页中的插入方法

2.1　HTML 基本概念

HTML 是网页制作的基础语言，因为无论使用什么工具制作网页，生成的网页代码都是以 HTML 为基础的，使用制作工具只是实现制作过程的可视化，简化了编写代码的烦琐工作，提高了设计效率。

HTML 是 Hyper Text Markup Language 的缩写，意为超文本标记语言，它不是程序语言，而是一种描述文档结构的标记语言，是 Web 页面最基本的构成元素，浏览器也是基于标记来显示文本、图片或其他形式的内容的。

2.1.1　HTML 简介

HTML 与操作系统平台的选择无关，只要有浏览器就可以运行 HTML 文档，显示网页内容。HTML 使用了一些约定的标记来对网页上的各种信息进行标记。浏览器会自动根据这些标记，在屏幕上显示出相应的内容，而标记符号不会在屏幕上显示出来。自从 1990 年 HTML 首次用于网页制作以后，几乎所有的网页都是由 HTML 或以其他语言（如 VBScript、JavaScript 等）镶嵌在 HTML 中编写的。

使用 HTML 编写代码制作网页文件是学习制作网页的基础。目前有许多操作方便的网页制作工具，如 Adobe 公司的 Dreamweaver 和 Microsoft 公司的 FrontPage 等，虽然不需要直接用 HTML 制作网页，但是了解一些 HTML 知识，将有利于学习网页制作工具，从而可以更精确地控制页面的排版，实现更多的功能。

2.1.2　标记及其属性

HTML 是一种文档结构的标记语言，HTML 标记用来定义网页文件中信息的格式和功能。浏览器通过解释 HTML 文件内的各种标记并执行相应的功能来实现网页效果的显示。

HTML 标记用两个尖括号"< >"括起来，一般是双标记。如粗体字标记<B>和</B>，前一个标记是起始标记，后一个标记为结束标记，结束标记以符号"/"开头，两个标记之间的文本是 HTML 元素的内容。某些标记为单标记，因为它只需单独使用就能完整地表达意思，如换行标记
。

一些标记有自己的属性，属性细分了标记的功能，属性通常可以赋予具体的属性值，如在源代码<body bgcolor="#FFC0CB ">中，<body>是正文标记，bgcolor 就是<body>标记的属性，"#FFC0CB"就是该属性的值，属性和属性值之间用"="隔开。以上代码表示，网页背景设置成十六进制值"FFC0CB"的颜色（粉红色）。如果一个标记有多个属性，属性和属性之间用空格隔开。

标记在使用时，应注意以下几点。

（1）HTML 标记不区分大小写。如<HTML>、<hTML>、<html>都是一样的，在本书中主要以小写字母表示。

（2）可以使用"<!--"和"-->"标记将 HTML 文档中的注解内容括起来，浏览器对此种注释标记中的内容不予处理和显示，如"<!--这是一段注释-->"。

（3）各标记可以嵌套，但不能交错。如<head><title>……</title></head>是正确的；而<head><title> ……</head></title>是错误的。

（4）对于 HTML 文档中错误的标记及其属性，浏览器通常会跳过它，不处理也不显示。

2.1.3　浏览和修改网页

网页内容的显示需要借助于网页浏览器，在 Windows 操作系统中，IE（Internet Explorer）浏览器为默认的网页浏览器。然而，IE 浏览器只显示网页内容但不支持对网页内容的修改，想通过修改 HTML 代码来修改网页内容，则要使用如 Windows 记事本等的文本编辑器来实现。

1. 浏览网页

双击某网页文件的图标，就可以调出网页浏览器窗口并同时显示该网页内容。另外，用户也可以先打开网页浏览器，选择"文件"|"打开"菜单命令，在对话框中选择要打开的 HTML 文件实现浏览。

2. 修改网页 HTML

（1）在浏览器窗口中选择"查看"|"源文件"菜单命令，系统打开 Windows 记事本窗口，在该窗口中将显示该网页的 HTML 代码文件，如图 2-1 所示，此时用户可修改网页 HTML 代码。

图 2-1　查看网页代码

（2）修改完 HTML 代码后，选择"文件"|"保存"菜单命令保存修改后的代码，再单击工具栏上的刷新按钮" 🗘 "，即可更新当前页面。

2.2　创建第一个 HTML 文件

HTML 文件是一种纯文本文件，可以使用任何文本编辑器，如 Windows "记事本"或"写字板"等进行编辑，代码输入后，一定要把文件的扩展名保存为".htm"或".html"。以下给出一个用记事本编写的简单的 HTML 文档（保存为"first.html"文件），如图 2-2 所示。编辑并保存后，双击文件图标，可以看到其在 IE 浏览器中的显示效果如图 2-3 所示。

图 2-2　编辑 HTML 文档

图 2-3　IE 显示 HTML 网页内容

2.3　HTML 编码基础

一个网页文档是由包含 HTML 标记的文本组成的，文档中各种标记指定 Web 浏览器如何显示网页，认识各种标记并掌握它们的用法是学习 HTML 编码的基础。

2.3.1　HTML 文档的基本结构

HTML 文档的基本结构如下：

```
<html>
  <head>
    文件头信息
  </head>
  <body>
    文件体信息
  </body>
</html>
```

其中，<html>…</html>标记对用于标识 HTML 代码的开始与结束。<head>…</head>标记对用于标识文件头，<body>…</body>标记对用于标识文件体，这后两个标记对均包含在<html>…</html>标记对之间。

2.3.2　HTML 基本结构标记

（1）<html>…</html>：文件开始与结束标记，是 HTML 文档中不可缺少的标记。<html>表示 HTML 文档的开始，</html>表示 HTML 文档的结束。

（2）<head>…</head>：文件头标记，向浏览器提供网页标题、文本文件地址、创作信息等网页信息说明。该标记可以忽略，但一般不予忽略。

（3）<title>…</title>：网页标题标记，该标记位于<head>…</head>标记中，标记内的文字显示在浏览器的标题栏上。

（4）<body>…</body>：文件体标记，它定义了网页上显示的主要内容与显示格式，是整个网页的核心，网页中要真正显示的内容都包含在该标记中。

<body>有很多属性，可以定义页面的背景图像、背景色彩、文字色彩及超文本链接的色彩等。这些属性用于设定网页的总体风格。

以下介绍<body>标记的常用属性。

① bgcolor：设置网页的背景色。

② text：设置非链接的文本色彩。

③ link：设置未被访问过的超链接文本的色彩，默认为蓝色。

④ alink：设置超链接文本在被访问瞬间的色彩，默认为蓝色。

⑤ vlink：设置已访问过的超链接文本的色彩，默认为蓝色。

⑥ background：设置网页的背景图像。

⑦ leftmargin：设置页面左边的空白边距，单位是像素。

⑧ topmargin：设置页面上方的空白边距，单位是像素。

HTML 中颜色的表示方法有两种：

① 以定义好的颜色的英文名称表示，如<body bgcolor=white>；

② 以"#"开头的 6 位十六进制数值表示一种颜色，6 位数字分为 3 组，每组 2 位，依次表示红、绿、蓝 3 种颜色的强度，如<body text="#800080">。该方法操作灵活性更高，设计者可以调配出自己想要的任何一种颜色。

常用的色彩英文名称及十六进制代码如表 2.1 所示。

表 2.1　　　　　　　　　　　　色彩代码表

色　　彩	色彩英文名称	十六进制代码
黑色	black	"#000000"
白色	white	"#FFFFFF"
红色	red	"#FF0000"
绿色	green	"#008000"
蓝色	blue	"#0000FF"
黄色	yellow	"#FFFF00"
青色	cyan	"#00FFFF"
灰色	gray	"#808080"
橙色	orange	"#FFA500"
棕色	brown	"#A52A2A"
紫色	purple	"#800080"
粉色	pink	"#FFC0CB"

2.4 HTML 常用标记

HTML 文档中其他常用标记有文本格式类标记，段落格式类标记，图片处理标记，表格处理标记，超级链接标记，音乐及视频、动画类标记和网页框架标记等，下面介绍这些标记的格式和功能。

2.4.1 文本格式

1. 字体标记

<font>和</font>：该标记可用来设置文本的字体、字号和文本颜色等，是 HTML 文档中常用的标记。其设置格式为：

<font size =大小 face =字体名称 color =颜色> 文字 </font>

说明如下：

① size 属性用于设定字号，即文字的大小，"size" 属性的有效值范围为 1～7，默认值为 3。在 size 属性值之前可以加上 "+" 和 "−" 符号，用于指定相对于默认字号值的增量或减量。

② face 属性用于设定字体名称，例如英文字体的 "Times New Roman"、"Arial"；中文字体的 "宋体"、"黑体"、"华文彩云"。

③ color 属性设定文字颜色，如前所述，各种颜色值可以使用色彩英文名称表示，也可以使用十六进制值表示。

例 2.1 "字体" 设置——编写代码，制作如图 2-4 所示的网页文本效果。

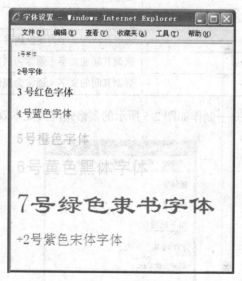

图 2-4 字体设置

该例主要对多行正文字体设置了不同字号及不同颜色，其中 "+2" 号字体相当于 5 号字体，具体实现代码如下：

```
<html>
  <head>
```

```
      <title>字体设置</title>
   </head>
   <body>
     <font size=1>1 号字体</font><p>
     <font size=2>2 号字体</font><p>
     <font size=3 color=red>3 号红色字体</font><p>
     <font size=4 color=blue>4 号蓝色字体</font><p>
     <font size=5 color=orange>5 号橙色字体</font><p>
     <font size=6 color=yellow face="黑体">6 号黄色黑体字体</font><p>
     <font size=7 color=green face="隶书">7 号绿色隶书字体</font><p>
     <font size=+2 color=purple face="宋体">+2 号紫色宋体字体</font><p>
   </body>
</html>
```

2. 文字修饰标记

在 HTML 文档，还允许在要显示的文字两端添加各种文字修饰标记，这些标记及其功能描述如表 2.2 所示。

表 2.2   常用文字修饰标记

标　　记	描　　述
<B>…</B>	设置为粗体字
<I>…</I>	设置为斜体字
<U>…</U>	设置为带有下画线的文字
[…]	设置为上标文字
_…	设置为下标文字
<strike>…</strike>	设置为带有删除线的文字
<address>…</address>	表明其间的文字为地址内容
…	强调其间的文字（通常为斜体）
…	强调其间的文字（通常为黑体）

例 2.2 文字修饰标记——制作如图 2-5 所示的多格式网页文本效果。

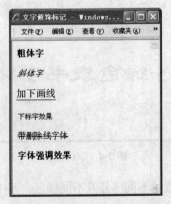

图 2-5 文字修饰标记的应用

该例主要对多行正文字体设置了不同的文字修饰标记，其实现代码如下：

```
<html>
<head>
    <title>文字修饰标记</title>
</head>
<body>
    <B>粗体字</B><p>
    <I>斜体字</I><p>
    <U>加下画线</U><p>
    <sub>下标字效果</sub><p>
    <strike>带删除线字体</strike><p>
    <strong>字体强调效果</strong><p>
</body>
</html>
```

3．特殊字符标记

在 HTML 文档中，多于一个的空格将被忽略，需要在网页中显示空格时，就要用专门的字符串来表示；另外，字符"<"、">"、""、"&"等具有特殊意义，要在网页中显示这些字符也同样要用专门的字符串表示。

每个特殊字符所对应的字符串标记都必须以"&"开头，以";"结束，而中间用对应的字符标记表示。例如，在网页中添加一个空格应该用" "表示。表 2.3 列出了常用特殊字符所对应的标记。

表 2.3   特殊字符标记

特 殊 字 符	对 应 标 记
（空格）	
<	&lt;
>	&gt;
&	&amp;
"	&quot;

2.4.2 段落格式

这里把 HTML 的标题标记、分段标记、换行标记、水平线标记、定位标记和列表标记归类为 HTML 的段落标记，以下分别进行介绍。

1．标题标记

（1）<h1>…</h1>：正文的第一级标题标记。

（2）第二、第三、第四、第五、第六级标题标记分别为<h2>…</h2>、<h3>…</h3>、<h4>…</h4>、<h5>…</h5>和<h6>…</h6>。

（3）标题级别越高，文字越小。

（4）设置为标题的文字将独占一行。

（5）可以使用 align 属性指定标题文字的对齐方式，属性值有"left"，"right"和"center"，分别表示左对齐、右对齐和居中对齐，默认值为"left"。

例 2.3   "标题"设置示例——如图 2-6 所示，将各级标题的文本加入到网页中，并设置其中第四、第五、第六级标题的对齐方式分别为：左对齐、居中对齐和右对齐。

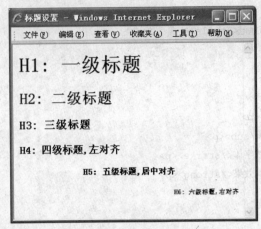

图 2-6　各级标题及各种对齐效果

该例实现代码如下：

```
<html>
  <head>
    <title>标题设置</title>
  </head>
  <body>
    <h1> H1：一级标题</h1>
    <h2> H2：二级标题</h2>
    <h3> H3：三级标题</h3>
    <h4 align=left> H4：四级标题,左对齐</h4>
    <h5 align=center> H5：五级标题,居中对齐</h5>
    <h6 align=right> H6：六级标题,右对齐</h6>
  </body>
</html>
```

2. 分段标记

（1）<p>…</p>：段落标记。它的作用是将其内的文字另起一段显示。</p>通常可以省略。

（2）段与段之间有一个空行。

（3）可以使用 align 属性指定段落的对齐方式，使用方法同上。

3. 换行标记

（1）
：换行标记。表示以后的内容移到下一行。

（2）它是单标记，没有</br>。

4. 水平线标记

（1）<hr>：水平线标记，是单标记。

（2）可以使用"align"属性设置对齐方式；"color"属性设置水平线颜色；"size"属性设置水平线粗细，以像素为单位，默认值为 2。

（3）使用"width"属性可设置线段长度，可以是以像素为单位的绝对值，也可以是一个百分比的相对值，如"width=50%"表示相对于当前窗口 50%的宽度。

例 2.4　分段、换行及水平线标记——如图 2-7 所示编辑唐诗"早发白帝城"的网页效果。

图 2-7　分段、换行及水平线标记的使用

该例主要通过分段标记、换行标记和水平线标记的使用实现网页效果，其 HTML 代码如下：

```
<html>
  <head>
    <title>早发白帝城</title>
  </head>
  <body>
  <p align=center>早发白帝城
  <P align=center>作者：李白
  <hr><p align=center>
      朝辞白帝彩云间，
      <br>千里江陵一日还。
      <br>两岸猿声啼不住，
      <br>轻舟已过万重山。
  <hr>
  </body>
</html>
```

5. 定位标记

（1）<div>…</div>标记用来设置文字、图像、表格的摆放位置。

（2）使用"align"属性可设置<div>对中元素的对齐方式。

例 2.4 中 4 行词句是作为一个段来居中的，使用<div>标记也可将该 4 行词句视为一块文本区域来实现居中对齐。方法是将上例代码中两个<hr>标记之间内容换成以下代码段：

```
<div align=center>
<br>朝辞白帝彩云间，
<br>千里江陵一日还。
<br>两岸猿声啼不住，
<br>轻舟已过万重山。
```

其网页效果与图 2-7 相同。

6. 列表标记

（1）<ol>…</ol>是有序列表标记，其中的列表项用<li>…</li>标记引导文字，显示网页中的这些文字后，文字前会自动加上"1"、"2"、…序号。

有序列表的结构如下所示：

```
<ol>
    <li>第①项</li>
```

```
    <li>第②项</li>
    <li>第③项</li>
    ...
</ol>
```

（2）`<ul>…</ul>`是无序列表标记，其中的列表项用`<li>…</li>`标记引导文字，显示网页中的这些文字后，文字前会自动加上"·"序号。

无序列表的结构如下所示：

```
<ul>
    <li>第①项</li>
    <li>第②项</li>
    <li>第③项</li>
    ...
</ul>
```

（3）有序列表和无序列表的`</li>`标记可省。

（4）有序列表和无序列表都允许自身嵌套或相互嵌套，即可在一个有序列表中包含另一个有序列表或无序列表，或者在一个无序列表中包含另一个有序列表或无序列表。

例2.5 有序列表——制作如图2-8所示的有序列表，并在该基础上修改代码，生成如图2-9所示的无序列表。

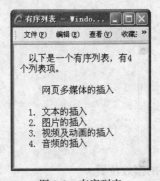

图2-8 有序列表

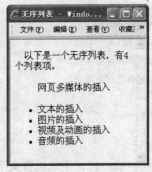

图2-9 无序列表

有序列表的实现代码如下：

```
<html>
  <head>
    <title>有序列表</title>
  </head>
  <body>
    以下是一个有序列表，有 4 个列表项。
    <ol>
      网页多媒体的插入<p>
    <li>文本的插入</li>
    <li>图片的插入</li>
    <li>视频及动画的插入</li>
    <li>音频的插入</li>
    </ol>
  </body>
</html>
```

如将上例中的 "<ol>…</ol>" 改为 "<ul>…</ul>"，则为无序列表，再将代码中的 "有序列表" 改为 "无序列表"。网页效果如图 2-9 所示。

例 2.6　嵌套列表——制作如图 2-10 所示的嵌套列表，实现在有序列表中嵌入无序列表。

该例的实现代码如下：

```
<html>
  <head>
    <title>有序列表与无序列表</title>
  </head>
  <body>
      以下是一个有序列表，有 4 个列表项，其中第 3 项
嵌入一个无序列表，也有 4 个列表项。
    <ol>
      网页多媒体的插入<p>
      <li>文本的插入</li>
      <li>图片的插入</li>
      <li>视频及动画的插入</li>
        <ul>
          <li>mp4 视频格式</li>
          <li>rm 视频格式</li>
          <li>gif 动画格式</li>
          <li>flash 动画格式</li>
        </ul>
      <li>音频的插入
    </ol>
  </body>
</html>
```

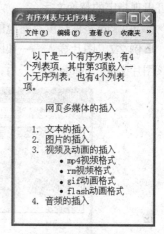

图 2-10　嵌套列表

2.4.3　图像处理

图片是网页中不可缺少的元素，它可以丰富、美化网页的内容，使网页图文并茂、形式多样。HTML 使用<img>标记及相关属性实现对图像的加载以及各种显示效果的处理。

1. 图片插入

<img>图像标记的格式为：

<img src = 图片文件 URL align = 对齐方式　border = 边框宽度　alt = 说明性替代文字 height = 图像高度　width = 图像宽度　hspace = 水平边距　vspace = 垂直边距>

说明如下：

（1）src 属性是<img>图像标记的必需属性，用来指定图像源文件的路径和文件名。网页使用的图片格式可以是 GIF 或 JPG。

（2）height 和 width 的属性值为整数数值时，单位为像素；属性值以百分比（1%～100%）表示时，图片将以相对当前窗口大小的百分比来显示。

（3）align 属性有 left、right、top、middle 和 bottom 共 5 种。其中 "top" 设置图像的顶部与文本顶部对齐；"middle" 设置图像在垂直方向的中部与文本中部对齐；"bottom" 设置图像的底部与文本的底部对齐。

（4）hspace 属性用来指定图像与浏览器窗口左边界的水平距离；vspace 属性用来指定图像与

窗口上端边界的垂直距离，单位是像素。

（5）alt 属性用来指定图像的替换文字，当图像正在下载或下载未成功时，图像所处的位置即可出现指定的替换文字。

（6）<img>标记没有对应的结束标记。

例 2.7　图片插入——如图 2-11 所示在网页中插入一蒲公英花地的图片，当在硬盘上删除了该图片文件"picture.JPG"后，网页打开的效果如图 2-12 所示。

图 2-11　网页插入图片

图 2-12　图片替代文本

该例的实现代码如下：

```html
<html>
  <head>
    <title>图片的插入</title>
  </head>
  <body>
    <img src="picture.JPG" width=100 height=80 border=2 alt="蒲公英花地">
  </body>
</html>
```

2. 网页背景图片

在浏览器上经常可看到各种背景图像，使用图像做网页背景的代码如下：

```html
<body background=图片文件 URL>
```

做背景的图像不用很大，浏览器会将它"平铺"至整个网页。

提示　　　html 在引用外部文件或文件路径时，文件名可用双引号（"）或单引号（'）括起，也可以不加任何引号直接给出文件名或文件路径。

例 2.8　图片背景设置——图 2-13 所示为网页添加"水纹"背景。

该例的实现代码如下：

```html
<html>
<head>
  <title>图像背景设置</title>
</head>
<body background='water.jpg'>
  网页已设背景图
</body>
</html>
```

图 2-13　图片背景设置

2.4.4　表格处理

表格将文本和图像按行、列排列，它与列表一样，有利于信息表达。特别地，表格还可以辅助建立网页的框架，使整个页面规则地放置各类元素，排版更有序。以下介绍表格处理常用的标记及相关属性。

1.　<table>…</table>

表格标记，一个<table>标记对定义设置一个表格。

<table>标记有如下属性。

（1）border：定义表格边框的粗细，单位为像素，如果省略则不带边框。

（2）width：定义表格的宽度，属性值为像素数值或百分数（相对窗口百分比）。

（3）height：定义表格的高度，属性值为像素数值或百分数（相对窗口百分比）。

（4）cellspacing：定义表项间隙，单位为像素。

（5）cellpadding：定义表项内部空白，单位为像素。

2.　<tr>…</tr>

表格行标记，一个<tr>标记对定义表格的一个行。

3.　<td>…</td>

表项标记，一个<td>标记对定义一个单元格，单元格内容写在该标记对之间。

在<table>、<tr>和<td>标记中可使用以下属性改变整个表格或个别行、个别单元格的背景和边框的色彩。

（1）bgcolor：设置背景色彩。

（2）background：设置背景图像。

（3）bordercolor：设置边框的色彩。

如果将以上属性放到<table>中，则作用范围为整个表格；如果把属性放到<tr>或<td>中，则作用范围是该行或该单元格。

例 2.9　表格插入——如图 2-14 所示，在网页中插入一 3 行 2 列的表格。

该例的实现代码如下：

```
<html>
  <head>
    <title>表格的插入</title>
  </head>
  <body>
    <table border=2 cellspacing=5 cellpadding=10>
      <tr><td>表项 1</td><td>表项 2</td></tr>
      <tr><td>表项 3</td><td>表项 4</td></tr>
      <tr><td>表项 5</td><td>表项 6</td></tr>
      <tr></tr>
    </table>
  </body>
</html>
```

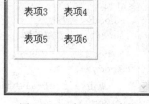

图 2-14　3 行 2 列的表格

2.4.5　超级链接

上网时，通过单击某些文字或图像就可以打开相应的页面，这种通过单击文字或图标实现页面跳转的功能是通过超链接实现的。

超链接标记<a>和</a>是 HTML 文档中一个十分重要的标记，使用它可链接到文档内的某个指定段落或图形，也可以链接到本地或远程计算机上的一个 URL，用以指向另一个文档或 Web 页。

1. 超链接标记

超链接标记的格式为：

`<a href = URL> 用于超链接锚点的文字或图像 </a>`

说明如下：

（1）用于超链接锚点的文字在浏览器中通常以一种特殊的颜色并带下画线的方式显示，当鼠标靠近时将会变成小手的形状，表示此处为一个超链接锚点。

（2）href 属性用来指定锚点被触发之后所链接到的 URL。

<a>标记中还可以包含 target 属性，用来指定在哪个窗口打开所链接的目标网页，target 属性的属性值如下。

① _blank：在新窗口中打开。

② _parent：在上级窗口中打开。

③ _self：在当前窗口中打开（默认）。

④ _top：在整个浏览器窗口中打开，并删除窗口的所有框架。

例 2.10　超级链接——参照例 2.7 制作一有插图的网页"a1.html"（如图 2-16 所示），另外制作如图 2-15 所示网页，点击网页中"这里"字样实现对"al.html"的超级链接。

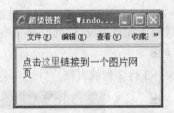

图 2-15　设置超级链接的网页　　　　　　图 2-16　链接打开的网页

设置超级链接的网页代码实现如下：

```html
<html>
  <head>
    <title>超级链接</title>
  </head>
  <body>
    点击<a href=a1.html>这里</a>链接到一个图片网页
  </body>
</html>
```

2. 路径的概念

路径的作用就是定位一个文件的位置，使用过 Windows 的用户都会了解文件夹和子文件夹的关系，沿着文件夹及子文件夹到达指定位置经过的过程就是路径。

超级链接时，如果被链接的文件和设置链接的网页文件在同一个文件夹中，就可以直接用文件名表示链接对象；如果被链接的文件和设置链接的网页文件不在同一个文件夹中，就要使用绝对路径或相对路径来表示链接对象了。

3. 绝对路径

绝对路径是指文件在硬盘上的真正存放路径。例如"bg.jpg"这个图片是存放在硬盘"D:\网页制作\图片"目录下，那么"bg.jpg"的绝对路径就是"D:\newpage\images\bg.jpg"。如果要使用绝对路径指定网页的背景图片，就应表示为：

```
<body background="D:\newpage\images\bg.jpg">
```

实际上，网页编程时，很少会使用绝对路径，使用绝对路径，在制作的计算机上浏览会一切正常，但当上传到 Web 服务器上浏览就可能不会显示图片了，因为在 Web 服务器中，可能不存在"D:\网页制作\图片\"这个目录。

4. 相对路径

所谓相对路径，就是相对于自己的目标文件位置。如上面"超级链接"例子中<a href=a1.html>就是一种相对路径的表示。因为"a1.html"网页相对于链接它的网页来说是在同一个目录的，上传到 Web 服务器后，无论在哪个位置，只要这两个文件相对位置不变（即仍在同一目录中），浏览器都能正确实现链接显示。相对路径的表示中通常使用以下符号。

（1）"/"作为目录的分隔字符。

如：<body background=webpages/imges/bg.jpg>，表示使用当前目录下"webpages"文件夹下的子文件夹"imges"下的"bg.jpg"图片。由于"webpages"是当前目录下的文件夹，所以"webpages"之前不用再加"/"字符。如加上"/"，则这第一个"/"表示虚拟目录的根目录。

（2）"./"表示当前文件夹。

如上例"<body background=webpages/imges/bg.jpg>"可表示成：

```
<body background=./webpages/imges/bg.jpg>
```

（3）"../"表示上一层目录。

如"<a href=../others/b1.html>"表示链接到当前目录的上一级文件夹中"others"子文件夹中的"b1.html"网页。

2.4.6　音乐及视频、动画处理

音乐及视频、动画的添加可使网页变得活泼、生动，引人入胜，HTML 文档通过使用一些标记，在网页中添加音乐和动画，使网页生动起来。较常用的音频文件格式有：mp3、wma、wav、mid 等；视频、动画文件格式有：avi、rm、swf、ram 等。

在网页中播放音乐有 3 种形式：背景音乐、外部音乐链接、音乐直接嵌入；播放视频、动画有两种形式：外部视频、动画链接和视频、动画直接嵌入。

1. 添加背景音乐

使用<bgsound>标记可以在网页中插入背景音乐，只要打开网页就开始播放音乐。<bgsound>标记可以放在<html>与</html>内的任何位置。在 HTML 中，<bgsound>标记没有结束标记。<bgsound>标记可以通过设置以下属性控制背景音乐的播放。

（1）src：指定背景音乐文件的路径。

（2）loop：设置循环播放的次数。如果没有指定此属性，则只播放一次。如果此属性值设置为-1，则不停地循环，直到关闭该页面为止。

（3）delay：设置两次循环间的时间间隔，单位为毫秒。例如：

```
<bgsound src="./music/song1.mp3" loop=100 delay=200>
```

2. 外部音乐、视频/动画链接

网页中链接外部的声音文件与链接其他网页文件相同，例如：

`<a href="song2.wav">动听的音乐</a>`

`<a href="video1.mpg">影视片段</a>`

则点击网页中"动听的音乐"或"影视片段"，浏览器均会调出一个播放器进行播放。

3. 音乐、视频/动画直接嵌入

如果想把音乐、视频/动画嵌入到 HTML 中，可使用<embed>标记，打开网页后，网页将以嵌入 Windows Media Player 播放器的方式实现播放，单击其中播放按钮""可实现媒体播放。

`<embed>…</embed>`：用于在网页中插入视频动画或音频对象。

<embed>标记对可以放在<html>与</html>内的任何位置，<embed>标记可以通过设置以下属性实现播放器播放。

（1）src：指定音频、视频/动画文件的路径。

（2）width：设定控制面板的宽度。

（3）height：设定控制面板的高度。

例 2.11 音乐文件的嵌入——如图 2-17 所示，在网页中以播放器方式嵌入一音乐文件"music1.mid"，并设定播放器宽度为 200 像素。

该例的实现代码如下：

```
<html>
  <head>
  <title>音乐嵌入</title>
  </head>
  <body>
    <embed src="music1.mid" width=200></embed>
  </body>
</html>
```

在上例基础上，将嵌入音乐行"`<embed src="music1.mid" width=200></embed>`"换成嵌入视频行，代码如下：

`<embed src="dance1.avi"></embed>`

则可实现"dance1.avi"视频文件嵌入，其网页显示如图 2-18 所示。

图 2-17 音乐文件嵌入到网页中　　　　　图 2-18 视频文件嵌入到网页中

2.4.7 网页框架

在制作网页的时候，经常需要在一个页面中显示不同的内容或者提供不同功能的操作区，这就需要对页面划分区域，实现划分区域的工具就是框架集及框架。

1. 框架集

网页框架集就是把一个网页页面分成几个单独的区域（即窗口），每个区域显示一个独立的网页，该部分可以是一个独立的 HTML 文件。对于一个有 n 个区域的框架网页来说，每个区域有一个 HTML 文件，整个框架结构也是一个 HTML 文件，因此该框架网页有 n + 1 个 HTML 文件。

设置一个框架集需要使用标记<frameset>…</frameset>。<frameset >标记有以下两个常用属性。

（1）rows：纵向设置各框架列宽度。

如：rows="n1，n2，n3…"

（2）cols：横向设置各框架行高度。

如：cols="n1，n2，n3…"

其中，n1，n2，n3 可用像素值表示，也可用占整个页面的百分数表示。

2. 框架

<frame>标记用于定义框架，它在<frameset>…</frameset>标记之间。<frame>标记有如下属性。

（1）src：用来链接一个 HTML 文件，如果没有该属性，则窗口内无内容。

（2）name：用来给窗口命名。

（3）marginwidth：用来控制窗口内的内容与窗口左右边缘的间距。n 为像素个数，默认值为 1。

（4）marginheight：用来控制窗口内的内容与窗口上下边缘的间距。n 为像素个数，默认值为 1。

（5）scrolling：用来确定窗口是否加滚动条，其值可为 yes、no 或 auto。

例 2.12 框架集及框架设置——制作如图 2-19 所示网页框架，纵向开设上下两个窗口，各占 40%和 60%，下边的窗口横向开设左右两个窗口，各占 25%和 75%。分别加载 HTML 文件为 1_1. html、1_2. html 及 1_3. html。

图 2-19　框架结构的网页

该网页的框架集 HTML 代码如下：

```
<html>
<head>
<title>框架结构</title>
<frameset rows="40%,60%">
  <frame src="1_1.html">
  <frameset cols="25%,75%">
    <frame src="1_2.html">
    <frame src="1_3.html">
  </frameset>
</frameset>
</head>
</html>
```

小　结

　　HTML 是制作网页的基础语言，是初学者必学的基本知识。虽然大多数网页是用专用的网页制作工具（如 Dreamweaver、FrontPage）开发的，但这些工具生成的代码仍是以 HTML 为基础的，掌握 HTML 的语法将有助于今后的学习理解，也可以更精确地实现页面功能的应用。本章通过各个简明易懂的 HTML 代码案例的示范，介绍了 HTML 常用标记的用法，包括文本格式控制、图片/表格/音频/视频插入、框架/超链接实现等。

作业与实验

一、单选题

1. 静态网页文件的扩展名包括（　　　）。
   A. HTTP 和 FTP　　　　　　　　B. ASP 和 JSP
   C. HTM 和 HTML　　　　　　　　D. GIF 和 JPEG

2. 以下（　　　）标记可以应用于<head>中。
   A. <body>　　　B. <title>　　　C. <image>　　　D. <html>

3. <img>标记符中链接图片的参数是（　　　）。
   A. href　　　　B. src　　　　C. type　　　　D. align

4. 网页中作为段落标记的 HTML 标记是（　　　）。
   A. font　　　　B. hr　　　　C. p　　　　D. head

5. 下列的 HTML 标记中，定义表格单元格的是（　　　）。
   A. tr　　　　B. dr　　　　C. br　　　　D. td

6. 有关<title></title>标记，正确的说法是（　　　）。
   A. 在文件头之后出现　　　　　　B. 位置在网页正文区内
   C. 中间放置的内容是网页的标题　　D. 表示网页正文开始

7. 下面（　　　）是正确的十六进制颜色。
   A. #eeeeee　　　B. #123456#　　　C. #ffffff　　　D. 101112

8. 以下（　　）不是图片的对齐方式。

    A. left   B. center   C. middle   D. right

二、问答题

1. HTML 代码中路径的作用是什么？绝对路径与相对路径在使用上有什么区别？哪一种方法更适用于网站中文件的定位？

2. 设置插图、表格或单元格宽度时可用像素和百分比两种表示方式，这两种方式有何区别？

三、实验题

1. 打开新浪网站"http://www.sina.com"主页，在浏览器窗口中选择"查看"|"源文件"菜单命令，查看该网页的 HTML 代码文件，并找出其中<html>…</html>、<head>…</head>和<body>…</body>等标记对的位置。

2. 编写 HTML 代码，将例 2.1、例 2.2、例 2.3 和例 2.4 合并成一个 HTML 网页文件。

3. 参考"例 2.9 表格插入"，设计自己的课程表网页，并输入相应课程名称。

4. 编写一个能够显示背景图案并能播放背景音乐的网页。

5. 用 HTML 编写两个网页文件"tea.html"和"pic.html"，实现如图 2-20、图 2-21 所示的网页效果。

要求

（1）两个网页标题栏必须有文字说明。

（2）"tea.html"文件第一行"茶叶的种类"为一级标题；正文第一段为绿色文字，且首行缩进 2 个文字。

（3）"tea.html"正文中对茶叶的分类使用嵌套列表实现；分类第一行"绿茶"右边"绿茶图片"字样实现超级链接，链接对象为"pic.html"网页文件。

（4）在"pic.html"中插入一张绿茶图片。

图 2-20　"tea.html"文件

图 2-21　"pic.html"文件

第3章
网页基本编辑

- Dreamweaver CS5 基础
- 网页中文本、图像的插入、修改以及格式设置
- 声音、视频、动画等多媒体元素在网页中的使用
- 超链接的意义和使用
- 简单网页的制作

3.1 Dreamweaver CS5 简介

随着互联网（Internet）的深入应用与 HTML 技术的不断发展和完善，随之而来产生了众多网页编辑器。从网页编辑器基本性质上可以分为所见即所得网页编辑器和非所见即所得网页编辑器（即源代码编辑器），两者各有千秋。所见即所得网页编辑器的优点是直观、使用方便、容易上手，在所见即所得网页编辑器中进行网页制作和在 Word 中进行文本编辑没有什么区别，但它同时也存在难以精确达到与浏览器完全一致的显示效果的缺点。也就是说在所见即所得网页编辑器中制作的网页放到浏览器中是很难完全达到真正想要的效果，这一点在结构复杂一些的网页（如分帧结构、动态网页结构及精确定位）中便可体现出来。非所见即所得网页编辑器就不存在这个问题，因为所有的 HTML 代码都在用户的监控下产生，但是，非所见即所得编辑器的先天条件注定了它的工作效率太低。

如何实现这两者的完美结合，既能产生简洁、准确的 HTML 代码，又具备所见即所得的高效率、直观性，这一直是网页设计师的梦想。Dreamweaver CS5 基本上解决了以上的问题，是一个非常优秀的所见即所得网页编辑器。

Dreamweaver CS5 可以满足 Web 开发人员的各种需要。使用 Dreamweaver CS5 在大大提高网页设计人员的生产效率的同时，还可以保持对源代码的完全控制。对于网页设计的新手，也可以快速提高他们的工作效率，因为使用 Dreamweaver CS5，可以轻松地可视化编辑加入网页的相关对象。Dreamweaver CS5 提供了友好的用户界面和强大功能的快捷工具，支持多种浏览器，可建立跨平台的网页，同时还可以制作不需要编写任何代码的动态网页。它具有强大的网页排版及制作功能，如可通过层叠样式表格式化文本，通过层定位网页元素、通过时间链制作动画，以及使用库项目实现代码的重复使用等。

3.1.1　Dreamweaver CS5 的启动

在安装 Dreamweaver CS5 之后，安装程序会自动在 Windows 的"开始"菜单中创建程序组。打开"开始"菜单中的"程序"选项，点击"Adobe Dreamweaver CS5"命令，即可启动 Dreamweaver CS5。首次启动 Dreamweaver CS5 显示的界面如图 3-1 所示。可以打开最新的项目，也可以新建各种类型的网页文件，单击新建"HTML"，系统会自动新建一个空白的网页文件等候编辑。

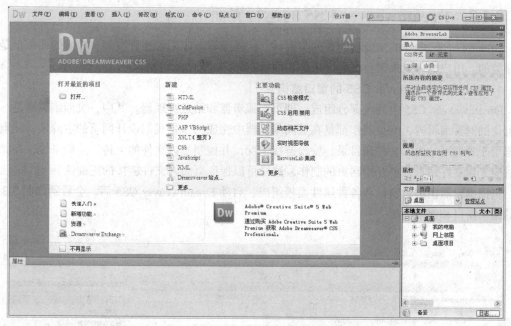

图 3-1　Dreamweaver CS5 首次启动界面

另一个常见的方法是在 Windows 的窗口或资源管理器中先找到要编辑的网页文档，选中要编辑的网页文件，即 HTML 文件图标，然后右击鼠标打开右键快捷菜单，在"打开方式"选项中选择"Adobe Dreamweaver CS5"，如图 3-2 所示。然后双击 HTML 文件，即可启动 Dreamweaver CS5，并载入要编辑的 HTML 文件。

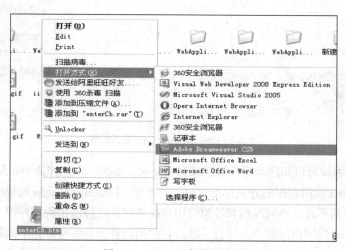

图 3-2　HTML 文件关联设置

3.1.2 Dreamweaver CS5 的退出

Dreamweaver CS5 的退出与一般的 Windows 应用程序退出方式一样，可以点击窗口右上角的"关闭"小按钮；也可以单击"文件"菜单，选择"退出"功能；还可以按组合键"Alt+F4"等，都可以退出 Dreamweaver CS5。如果当前正在编辑的文件尚未保存，系统会弹出一个询问是否保存退出的警告提示小窗口，来让我们选择"保存"、"放弃保存"或"取消退出"等操作。

3.1.3 Dreamweaver CS5 的运行界面

Dreamweaver CS5 的主要功能是网页设计、代码编写、应用程序开发等，相应的面板也是这样分类的。用户也可以根据自己喜好来调整面板布局。

1. 认识 Dreamweaver CS5 的窗口结构

Dreamweaver CS5 由两大部分组成，即页面编辑器和站点管理器。其中，页面编辑器是一个可视化的网页编辑器，网页制作都是在页面编辑器中完成的，是我们设计网页的主阵地；站点管理器用于管理网站内的文件和目录，检验链接情况，并控制站内文件的上传。一般来说，在做站点时应先建立好站点，再开始网页的制作，这样可以保证页面内文件链接的正确性。

页面编辑器由编辑窗口和各种属性面板组成。启动 Dreamweaver CS5 后，会看到如图 3-3 所示的编辑窗口和浮动面板。

图 3-3　Dreamweaver CS5 界面组成

图 3-3 所示的编辑窗口和浮动面板看起来有点复杂，不像一个纯粹的 Windows 应用程序，同微软建议的 Windows 应用程序的外观标准有一定的差别。Dreamweaver 应用程序的外观同其异常灵活的功能特性分割不开，不同级别和经验的用户都能够从这种应用程序外观上获得显著的工作效率。Dreamweaver 的用户界面令人耳目一新，它的用户界面非常友好，下面就简单介绍一下，使大家对 Dreamweaver 有一个整体的了解。

2. 认识 Dreamweaver CS5 的工作界面

Dreamweaver CS5 的工作界面与 Dreamweaver 以前版本有所差别。一般来说，一个典型的 Dreamweaver CS5 应用程序操作环境主要由菜单栏、文档工具栏、编辑区、状态栏、属性检查器、面板组等部分组成，而插入栏则整合在面板组中，如图 3-4 所示。

图 3-4　Dreamweaver CS5 插入栏面板组

3.1.4　创建和打开文档

Dreamweaver CS5 为处理各种 Web 设计和开发文档提供了灵活的环境。除了 HTML 文档以外，还可以创建和打开各种基于文本的文档，如 CFML、ASP、JavaScript 和 CSS 等。Dreamweaver CS5 还支持源代码文件，如 Visual Basic .NET、C#和 Java 等。

1. Dreamweaver 文件的创建

使用 Dreamweaver CS5 既可以创建空白页和空白模板，也可以创建基于现有模板的页面以及基于 Dreamweaver CS5 附带的某预定义页面布局示例的页面（即框架集），另外还支持其他一些文档。例如，如果经常使用某种文档类型，可以将其设置为创建的新页面的默认文档类型。读者可以根据自身需要创建文档，并将文档保存在站点下。

Dreamweaver CS5 为创建新文档提供了 HTML、ColdFusion、PHP、ASP VBScript、XSLT、CSS、JavaScript、XML 等 8 种常用语言类型选项，如图 3-5 所示。

如果要获取更多的语言类型，可以单击"更多"，在弹出的"新建文档"对话框中选择所需要的类型。如图 3-6 所示。

在 Dreamweaver CS5 中，可以在"设计"视图或"代码"视图中轻松定义文档属性，如 meta 标签、文档标题、背景颜色和其他几种页面属性。

图 3-5　Dreamweaver CS5 常用语言类型

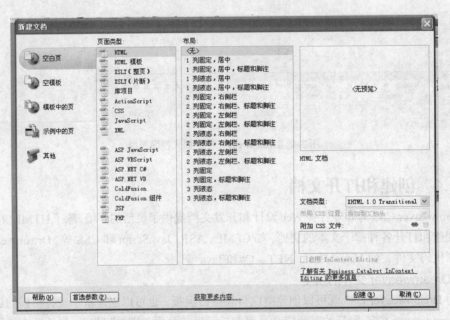

图 3-6　Dreamweaver CS5 所有语言类型

2. Dreamweaver 的文件类型

在 Dreamweaver 中，可以创建和使用多种文件类型，最常用的文件类型是 HTML 文件，HTML 文件（或超文本标记语言文件）包含基于标签的语言，负责在浏览器中显示网页页面，其扩展名为".html"或".htm"。Dreamweaver 默认情况下使用扩展名".html"保存文件。在 Dreamweaver 中可创建和编辑基于 HTML5 的网页，还提供起始布局可从头开始生成 HTML5 页面。

以下是我们使用 Dreamweaver 时可能会用到的其他一些常见文件类型。

（1）HTML 模板文件：Dreamweaver 的模板文件可以编辑可编辑区域，文件扩展名为".dwt"。

（2）CSS 文件：CSS 是 Cascading style Sheet（层叠样式表）的缩写，是用于设置 HTML 内容

的格式，控制网页样式及各个页面元素的位置并允许将样式信息与网页内容分离的一种标记性语言。其文件扩展名为".css"。

（3）GIF 文件：GIF（图形交换格式）文件的扩展名为".gif"。GIF 格式是用于卡通、徽标、具有透明区域的图形、动画的常用 Web 图形格式。GIF 最多包含 256 种颜色。

（4）JPEG 文件：JPEG（联合图像专家组）文件（根据创建该格式的组织命名）的扩展名为".jpg"，通常是照片或色彩较鲜明的图像。JPEG 格式最适合用于数码照片或扫描的照片、使用纹理的图像、具有渐变色过渡的图像以及需要 256 种以上颜色的任何图像。

（5）XML 文件：XML 是 Extensible Markup Language（可扩展标识语言）的缩写。XML 包含原始形式的数据，可使用 XSL（Extensible Stylesheet Language，可扩展样式表语言）设置这些数据的格式，最初设计的目的是为弥补 HTML 的不足，以强大的扩展性满足网络信息发布的需要，后来逐渐用于网络数据的转换和描述。文件扩展名为".xml"。

（6）XSL 文件：XSL 文件的扩展名为".xsl"或".xslt"。它们用于设置要在网页中显示的 XML 数据的样式。

（7）CFML 文件：CFML 文件的扩展名为".cfm"。它用于处理动态页面。

（8）PHP 文件：PHP 超文本处理器（Professional Hypertext Preprocessor）文件，PHP 是一种 HTML 内嵌式的语言，是一种在服务器端执行的嵌入 HTML 文档的脚本语言，用于处理动态页面。其实，它和大家所熟知的 ASP 一样，是一门常用于 Web 编程的语言。PHP 的网页文件的格式是".php"，具有.php 扩展名。

此外，Dreamweaver 还支持如下一些文件类型。

（1）JavaScript 文件：JavaScript 是一种基于对象和事件驱动并具有安全性能的脚本语言。它是通过嵌入或调入到标准的 HTML 中实现的。文件扩展名为".js"。

（2）ActionScript 文件：ActionScript（动作脚本）文件是 Macromedia 为其 Flash 产品开发的，是一种完全的面向对象的编程语言，功能强大，类库丰富，语法类似 Java，多用于 Flash 互动性、娱乐性、实用性开发，网页制作和 RIA 应用程序开发。文件扩展名为".as"。

（3）ASP 文件：ASP 是 Active Server Page 的缩写，是 Microsoft 公司开发的代替 CGI 脚本程序的一种文件。应用它可以与数据库和其他程序进行交互，是一种简单、方便的编程工具。ASP 的网页文件的格式是".asp"。

（4）JSP 文件：JSP 是 Java Server Pages 的缩写，是由 Sun Microsystems 公司倡导、许多公司参与一起建立的一种动态网页技术标准。JSP 技术有点类似 ASP 技术，它是在传统的网页 HTML 文件（*.htm,*.html）中插入 Java 程序段和 JSP 标记，从而形成 JSP 文件（*.jsp）。

注：文件的文件名和扩展名大小写是一样的。

3. 打开 Dreamweaver 的文件

打开并编辑现有的 Dreamweaver 文档。跟其他文档编辑软件一样，我们可以打开现有网页或基于文本的文档（不论是否是用 Dreamweaver 创建的），然后在"设计"视图或"代码"视图中对其进行编辑。

如果打开的文档是一个另存为 HTML 文档的 Microsoft Word 文件，则可以使用"清理 Word 生成的 HTML"命令来清除 Word 插入到 HTML 文件中的无关标记标签。

若要清理不是由 Microsoft Word 生成的 HTML 或 XHTML，可以使用"清理 HTML"命令。

也可以打开非 HTML 文本文件，如 JavaScript 文件、XML 文件、CSS 样式表和用字处理程序或文本编辑器保存的文本文件。具体步骤如下。

（1）选择"文件"|"打开"。如图 3-7 所示。

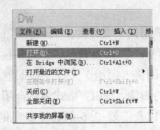

图 3-7　Dreamweaver CS5 打开文件命令菜单

（2）在弹出的对话框中定位要打开的文件并选中文件。如图 3-8 所示。

图 3-8　Dreamweaver CS5 打开文件命令对话框

（3）单击"打开"，将在"文档"窗口中打开文档。

默认情况下，在"代码"视图中打开 JavaScript、文本和 CSS 样式表。可以在 Dreamweaver 中工作时更新文档，然后保存文件中的更改。

我们也可以在使用 Dreamweaver CS5 软件的情况下，从文件导航器中选中并双击要打开的文件来打开文件；还可以打开直接选中要打开的文件，然后右击鼠标，在弹出的快捷菜单中选择用"Dreamweaver CS5"打开。如图 3-9 所示。

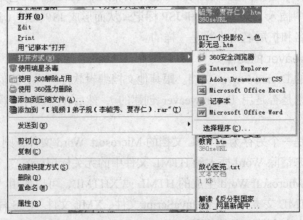

图 3-9　"Dreamweaver CS5"打开文件命令快捷菜单

3.2 文 本

文本在网络上传输速度较快，用户可以很方便地浏览和下载文本信息，故文本成为网页主要的信息载体。整齐划一、大小适中的文本能够体现网页的视觉效果，因而文本处理是设计精美网页的第一步。本节将结合具体实例介绍在 Dreamweaver CS5 中插入文本，对文本进行排版及一些文本辅助功能。

3.2.1 插入文本

Dreamweaver CS5 提供了多种插入文本的方法供读者选择。标题、栏目名称等少量文本可以选择直接在文档窗口中键入；段落文本可以选择从其他文档中复制粘贴；整篇文章或表格可以选择导入 Word、Excel 文档。

1. 将文本添加到文档

在 Dreamweaver CS5 中输入文本与 Word 中略有不同，下面通过实例来说明。

（1）直接输入。用鼠标单击网页编辑窗口中的空白区域，在闪动的光标标识处选用适当的输入法输入文字。文本添加效果如图 3-10 所示。

图 3-10 Dreamweaver CS5 网页编辑窗口

（2）利用复制和粘贴命令添加文字。

（3）从其他文件导入添加文字。

要注意不换行空格、换行符的插入，在软件默认情况下，我们只能插入一个不换行空格。要插入多个不换行空格，可以选择"插入"菜单或直接利用组合键"ctrl+shift+空格键"。如图 3-11 所示。

也可以在"编辑"菜单中选择"首选参数"，在对话框中的"允许多个连续的空格"前打钩就行，如图 3-12 所示。

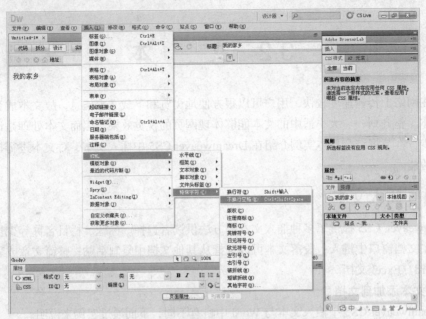

图 3-11　插入多个不换行空格命令菜单

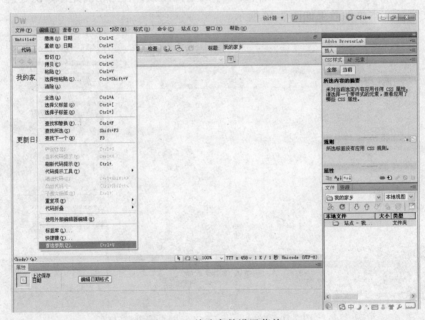

图 3-12　首选参数设置菜单

2．插入日期

在网页中经常需要插入日期，比如网页的更新日期、文章的上传日期等。Dreamweaver CS5 提供了日期对象，可以方便地插入当前日期。

下面这个例子就是利用"日期"按钮插入更新时间，选择"插入"菜单中的"日期"，系统弹出对话框，有星期格式、日期格式、时间格式和储存时自动更新 4 个选项，根据对话框的提示设置好有关的内容就行，如图 3-13、图 3-14 所示。最后的效果如图 3-15 所示，更新时间显示为当前编辑文档的时间。

图 3-13 插入日期命令菜单

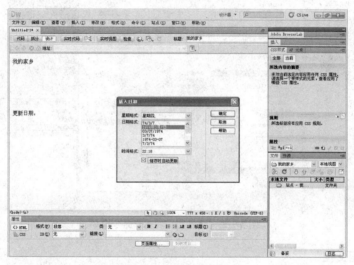

图 3-14 插入日期命令对话框

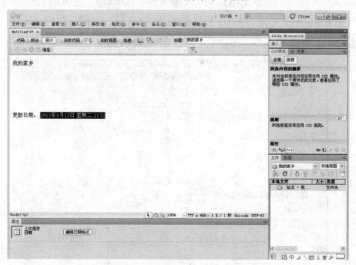

图 3-15 完成插入日期命令效果

3. 插入特殊字符

前面学习了在网页中添加文本与日期，Dreamweaver CS5 还提供了丰富的特殊字符插入功能，可以插入如注册商标、版权、货币符号等特殊符号。下面以网页中经常用到的版权符号为例，演示如何在文档中插入特殊符号。具体操作步骤如下。

（1）输入有关文字，如"Copyright 2011wodejiaxiang.com.Inc 我的家乡网版权所有"，我们要在 Copyright 和 2011 之间插入版权符号。

（2）选择菜单中的"插入"命令。

（3）选择"HTML"中的"特殊符号"。

（4）选择"版权"。

这样就完成了版权符号©的插入了。如图 3-16 所示。

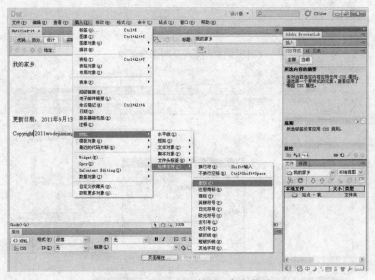

图 3-16　　插入版权符号©命令菜单

4. 导入数据文档

除了直接键入文本和复制粘贴文本以外，Dreamweaver CS5 还可以直接将表格式文档、Word 文档、Excel 文档导入到当前文档，省去了复制粘贴的麻烦，如图 3-17 所示。选择"导入|Excel 文档"，可实现把 Excel 表格导入到当前网页中，最终效果如图 3-18 所示。

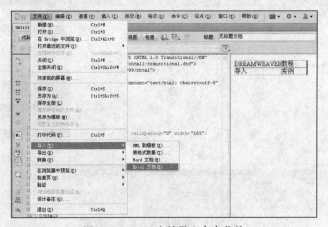

图 3-17　　Excel 文档导入命令菜单

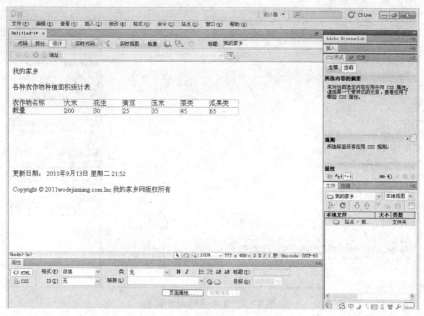

图 3-18　Excel 表格导入效果

3.2.2　设置文本格式

前面介绍了在网页中插入文本的几种方法，由于插入的文本大小、字体格式不一致，需要对文本属性进行设置，使其风格保持统一。

1．设置文本格式

设置文本格式有两种方法：使用 HTML 标签格式化文本；使用层叠样式表（CSS）。

使用 HTML 标签和 CSS 都可以控制文本属性，包括特定字体和字大小，粗体、斜体、下画线，文本颜色等。两者区别在于，使用 HTML 标签仅仅对当前应用的文本有效，当改变设置时，无法实现文本自动更新。而 CSS 则不同，通过 CSS 事先定义好文本样式，当改变 CSS 时，所有应用该样式的文本将自动更新。此外，使用 CSS 能更精确地定义字体的大小，还可以确保字体在多个浏览器中的一致性。

默认情况下，Dreamweaver CS5 使用 CSS 而不是 HTML 标签指定页面属性。CSS 功能强大，除控制文本外，CSS 还可以控制网页中的其他元素，具体内容将在第 8 章中详细讲解。这里主要介绍使用属性检查器设置文本属性的基本操作。

2．使用属性检查器设置文本属性

使用"属性检查器"可以方便地设置字体的类型、格式、大小、颜色，对于初学者来说这种方法简单易用。下面结合具体实例来学习如何使用"属性检查器"设置文本属性，效果如图 3-19 所示。页面中的文本格式为段落，字体为宋体，颜色为灰色，大小为 12 像素。

具体操作步骤如下。

（1）输入一段文字。

（2）选择软件下方区域"属性"中的"HTML"属性设置，对段落进行设置。如图 3-20 所示。

（3）选择"CSS"选项，对字体进行设置。如图 3-21 所示。

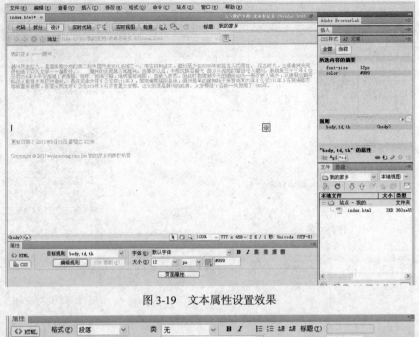

图 3-19 文本属性设置效果

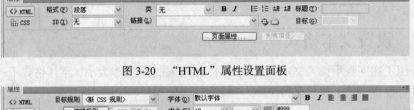

图 3-20 "HTML"属性设置面板

图 3-21 "CSS"属性设置面板

3.2.3 设置段落格式

前面介绍了使用属性检查器设置文本格式的方法及操作步骤，本节将学习设置段落格式，包括对齐文本、缩进文本、使用水平线等常用功能。

1．对齐文本

在网页文字排版时，经常用到对齐文本功能。对齐文本方式主要有 4 种：左对齐、居中对齐、右对齐、两端对齐。操作步骤类似，下面以其中一种对齐方式"右对齐"为例来说明如何操作。如图 3-22 所示。

2．缩进文本

在对网页中的段落进行排版布局时，经常会用到"缩进文本"命令，缩进页面两侧的文本长度，留出一定的空白区域，使页面更美观。其操作步骤如下。

（1）选择要缩进的文字。

（2）打开下面"属性"中的"HTML"选项。

（3）单击缩进命令按钮，左边按钮是删除缩进，右边按钮是缩进。如图 3-23 所示。

3．使用水平线

使用水平线进行文本段落分割也是常用的方法。例如，在制作网页时，通常会在页面下部版权文字的上方插入一条水平线，用以分隔文档内容，使文档结构清晰明确。其操作步骤如下。

（1）用鼠标单击需要插入的位置。

（2）选择"插入"菜单。

（3）选择"HTML"中的水平线选项。如图 3-24 所示。

效果如图 3-25 所示。

图 3-22　右对齐文本效果

图 3-23　文本缩进属性设置面板

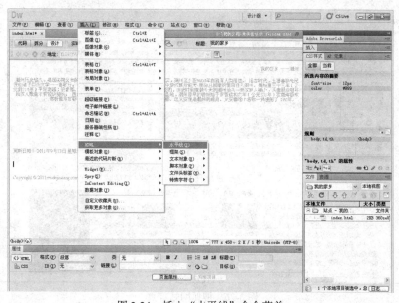

图 3-24　插入"水平线"命令菜单

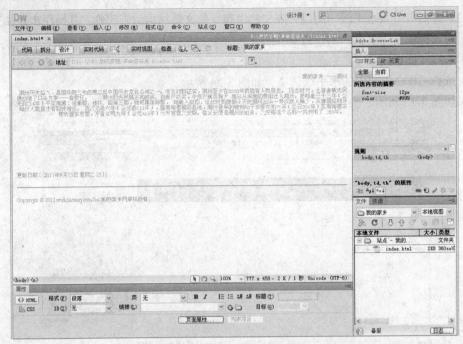

图 3-25 插入"水平线"效果

3.2.4 列表

在网页中使用列表将内容分级显示，使侧重点一目了然，内容更有条理性。在 Dreamweaver CS5 中创建列表有两种方法：使用"属性检查器"或"格式"菜单下的"列表"命令。为了使输入的内容整齐有序，我们可以使用列表功能。Dreamweaver CS5 中的列表主要分为项目列表、编号列表和定义列表 3 种。搜狐网站中就同时应用了上述 3 种样式的列表，如图 3-26 所示。

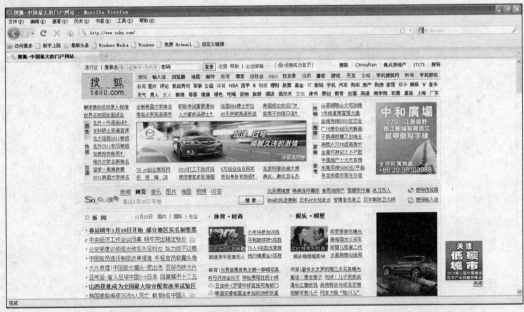

图 3-26 搜狐网站首页

1．创建列表

创建列表有两种方式：创建新列表，使用现有文本创建列表。两者创建列表方式操作类似。下面结合实例说明如何创建嵌套列表，效果如图 3-27 所示。

图 3-27　创建嵌套列表效果

（1）单击"格式"菜单，选择"列表"选项，创建新列表。如图 3-28 所示。

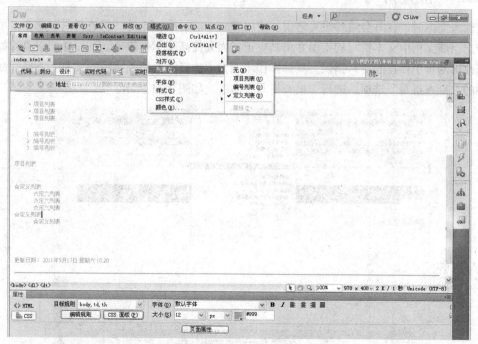

图 3-28　"创建列表"格式命令菜单

（2）单击"属性"面板中的"HTML"选项，选择"列表项目"创建新列表。如图 3-29 所示。

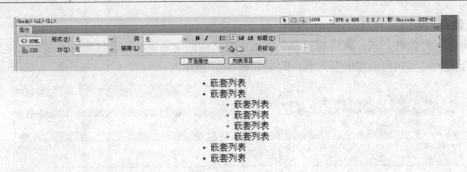

- 嵌套列表
- 嵌套列表
  - 嵌套列表
  - 嵌套列表
  - 嵌套列表
  - 嵌套列表
- 嵌套列表
- 嵌套列表

图 3-29　应用属性面板"创建列表"

2. 设置列表属性

通过设置列表属性，可以改变列表的类型以及样式。具体操作步骤如图 3-30 所示。

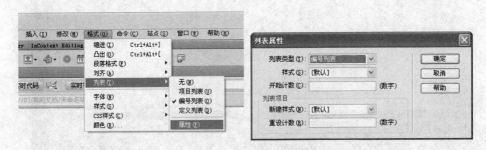

图 3-30　设置列表属性对话框

3.2.5　检查拼写

在输入文本时，有时会遇到拼写错误。使用 Dreamweaver CS5 的"检查拼写"命令，可以自动检查出当前文档中文本拼写的错误并将其更正，大大提高了工作效率。下面举例来说明如何检查并修改出网页中存在的拼写错误。具体操作步骤为：选择需要检查拼写的文本，选择"命令"菜单中的"检查拼写"选项，进行"检查拼写"命令。如图 3-31 所示。

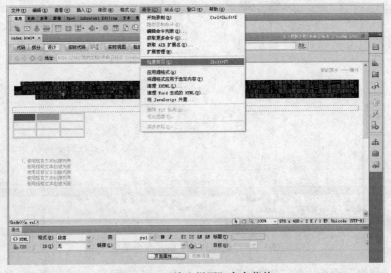

图 3-31　"检查拼写"命令菜单

3.2.6 查找和替换文本

使用 Dreamweaver CS5 的"查找和替换文本"功能，可以在文档或站点中方便地查找出指定的文本或代码，并进行替换，省去了亲自动手查找修改的麻烦，大大提高了网页编辑与修改的效率。下面举例来说明如何使用该功能。

例如，我们想查找出文本中的"潮州"，并把"潮州"改成"广州"，操作步骤如下。

（1）选取要查找的文段或全文。

（2）单击"编辑"菜单选择"查找和替换"命令，如图 3-32 所示。

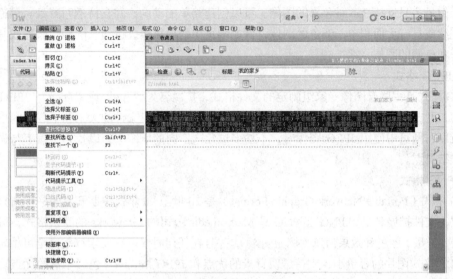

图 3-32 "查找和替换"命令菜单

（3）在弹出的对话框中设置相应的内容。

（4）选择替换全部，完成替换。如图 3-33 所示。

图 3-33 "查找和替换"命令对话框

3.3 图 像

图像通常用来添加图形界面（例如导航按钮）、具有视觉感染力的内容（例如 Logo）或交互式设计元素（例如鼠标经过图像或图像地图），是网页中必不可少的元素之一。本章节将和大家一起探讨常用的 Web 图像的种类、基本概念及在 Dreamweaver 中的具体操作方法。

3.3.1　常用的 Web 图像格式

计算机对图像的处理也是以文件的形式进行的，由于图像编码的方法很多，因而形成了许多图像文件格式。但 Web 页中通常使用的只有 3 种格式，即 GIF、JPEG 和 PNG。本节将重点介绍3 种图像格式的特点及其适用的范围。

1. GIF 格式

GIF 格式（Graphics Interchange Format）是世界上最大的联机服务机构 CompuServe 公司在1987 年开发的图像文件格式，扩展名为 ".gif"。GIF 文件是经过压缩的，容量较小，解码与下载速度快，但最多只支持 256 种色彩的图像。可以创建简单的动画，并支持透明背景。最适合显示色调不连续或具有大面积单一颜色的图像，例如网页中的导航条、按钮、图标、徽标或其他具有统一色彩和色调的图像。

2. JPEG 格式

JPEG 格式是由联合图像专家组制定的文件格式，扩展名为 ".jpg" 或 ".jpeg"。JPEG 是一种有损压缩，可支持 1670 万种颜色。随着 JPEG 文件品质的提高，文件的大小和下载时间也会随之增加，所以在网页中使用 JPEG 图像时，不妨多试几次不同的压缩率，以找到压缩率与失真度之间的最佳结合点。

3. PNG 格式

PNG 格式（Portable Network Graphic Format）是 20 世纪 90 年代中期开发的一种新兴的网络图像格式，文件扩展名是 ".PNG"。PNG 是 Macromedia 公司的 Fireworks 的默认格式，可保留所有原始层、矢量、颜色和效果信息（例如阴影），并且在任何时候所有元素都是完全可编辑的，它拥有了 GIF 格式图片的容量小、支持透明背景的优点和 JPEG 格式图片色彩丰富的优点。目前，由于不同浏览器对 PNG 的支持是不一致的，因而不建议在网页中使用 PNG 文件，还应该将它们导出为 GIF 或 JPEG 格式。

3.3.2　插入图像与图像占位符

上面详细介绍了网页中常用的图像格式，下面来学习如何在网页中插入图像，使网页更加美观，效果如图 3-34 所示。

图 3-34　网页插入图像效果

1．插入图像

（1）将光标放在"编辑区"中要插入图像的位置，然后在"插入"工具栏的"常用"类别中单击"图像"按钮，如图 3-35 所示。或选择"插入"菜单中的"图像"选项，如图 3-36 所示。

图 3-35　"插入图像"命令快捷按钮

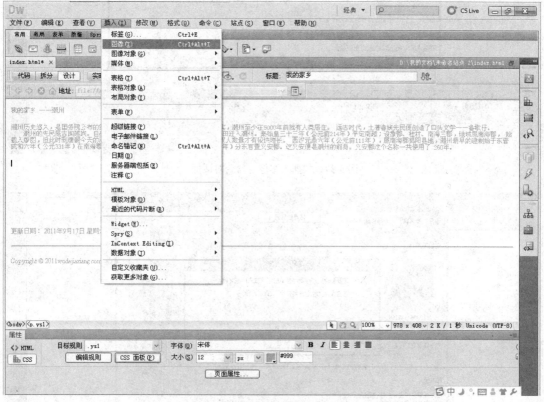

图 3-36　"插入图像"命令菜单

（2）在弹出的"选择图像源文件"对话框中，浏览并选中要插入的图像"湘子桥"，单击"确定"按钮，如图 3-37 所示。文档中即会出现插入的图像。

注意

　　如果当前工作的文档未保存，则 Dreamweaver 会弹出提示窗口，生成一个对图像文件的"file://"引用，如图 3-38 所示。将文档保存到站点中的任何位置后，Dreamweaver 将该引用转换为文档相对路径。

图 3-37 "插入图像"命令对话框

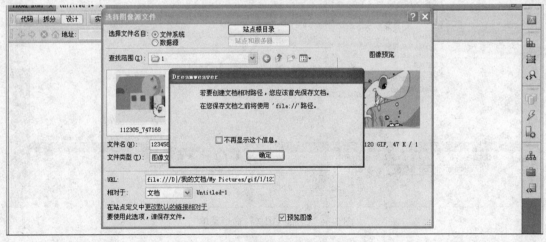

图 3-38 站点素材保存相对路径提示框

（3）在将图像插入 Dreamweaver 文档后，Dreamweaver 会自动在 HTML 源代码中生成对该图像文件的引用。生成代码如下：

```
<img src="images/湘子桥.jpg" width="1280" height="960" />
```

我们可以通过属性面板对图像进行修改，一般网页对图片要求是宽为 760 像素。我们把上面的图片的宽 1 280 像素改为 760 像素，如图 3-39 所示。

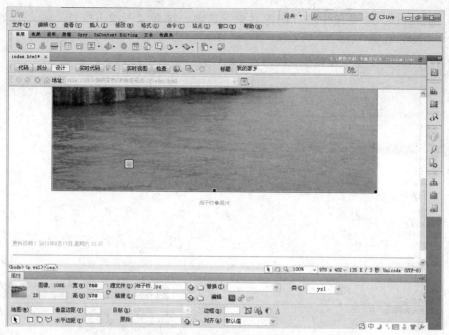

图 3-39　一般网页的图像要求

2. 插入图像占位符

本小节学习在网页中插入图像占位符。图像占位符是 Dreamweaver 对图像功能的补充，指在将最终图像添加到 Web 页之前使用的替代图形。有时我们在设计网页之时，没有找到合适的图片或者图片还未制作完成，就可以在网页中插入图像占位符，预留图像的空间。在对网页进行布局时经常用到这一功能，可以设置不同的颜色和文字来替代图像。如图 3-40 所示，插入一个 120×120 的红色的图像占位符。

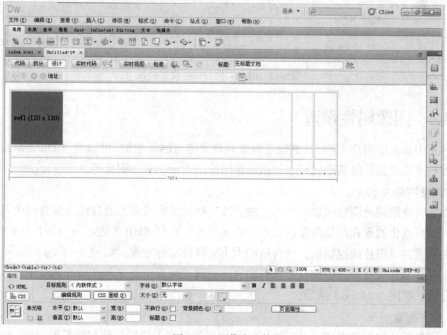

图 3-40　图像占位符

（1）选择"插入"菜单中的"图像对象"选项，选择"图像占位符"命令，如图 3-41 所示。

（2）在弹出的对话框中设置相应的内容完成设置，如图 3-42 所示。

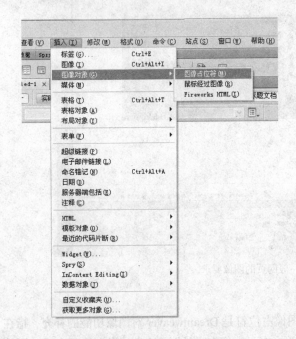

图 3-41　"图像占位符"命令菜单　　　　　　图 3-42　"图像占位符"对话框

（3）可以随时在属性面板中对图像占位符的属性进行修改，如图 3-43 所示。

图 3-43　图像占位符属性设置面板

3.3.3　图像属性设置

在网页中插入的图像大小、位置通常需要调整才能与网页相配，可以通过 Dreamweaver 的"属性检查器"来设置图像的基本属性，包括调整图像的大小，对齐图像等。

1．调整图像大小

本小节将介绍两种调整图像大小的方法：以可视化的形式调整及在属性检查器中调整。

（1）以可视化的形式调整图像的大小：选择图片，按住 SHIFT 键（保持图片的比例不变），用鼠标左键直接拉图片的控制柄，到合适的大小后释放鼠标左键。如图 3-44（a）所示。

（2）在"属性检查器"中调整：选择图片，在属性面板中的宽和高的文本框中输入相应的数据或百分比。如图 3-44（b）所示。

2．对齐图像

插入图像默认的对齐方式是"左对齐"，可以通过对齐图像操作调整图像的位置，使图像与同一行中的文本、另一个图像、插件或其他元素对齐。具体操作步骤如下。

（a）以可视化的形式调整图片大小　　　　　　　（b）在属性检查器中调整图片大小

图 3-44

（1）插入一张图片"鱼.Gif"，在"编辑区"中单击选中要调整的图像，可以看出图像当前默认的对齐方式为"左对齐"，如图 3-45 所示。

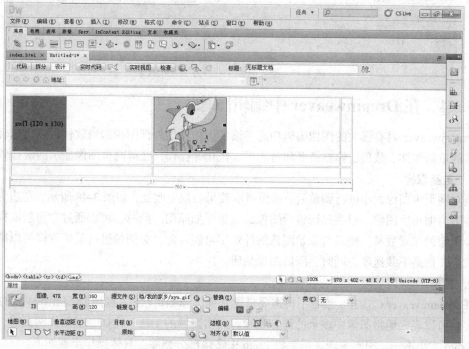

图 3-45　插入图像默认"左对齐"方式

（2）在"属性检查器"中单击"对齐"下拉列表框选择"右对齐"选项，也可以使用"对齐"按钮（左对齐、右对齐、居中对齐）设置图像的水平对齐方式，如图 3-46 所示。调整后的图片位于表格的右侧，如图 3-47 所示。

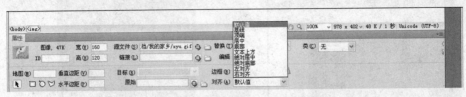

图 3-46 图像对齐方式设置面板

图 3-47 插入图像"右对齐"方式效果

3.3.4 在 Dreamweaver 中编辑图像

Dreamweaver 具有强大的图像编辑功能，读者无须借助外部图像编辑软件，就可以轻松实现对图像的重新取样、裁剪、调整亮度和对比度、锐化等操作，获得网页图像显示的最佳效果。

1. 重新取样

当对网页中图像大小进行调整后，图像显示效果会发生改变，如图 3-48 所示。左边为原始图像，右边为缩小后图像，很明显调整后图像的效果不如原图。此时，可以通过"重新取样"增加或减少图像的像素数量，使其与原始图像的外观尽可能匹配。对图像进行重新取样可以减少图像文件大小，提高下载速度，同时会降低图像品质。

2. 裁剪

在 Dreamweaver CS5 中，读者不再需要借助外部图像编辑软件，利用 Dreamweaver 的"裁剪"功能，就可以轻松地将图像中多余的部分删除，突出图像的主题。比如，在制作网页时，发现插入的 Logo 大小不一，很不美观，需要将 Logo 中多余部分删除。具体操作步骤如下。

（1）在"编辑区"中单击选中要裁剪的原图像，如图 3-49 所示。

图 3-48　图像显示效果对比

图 3-49　选取裁剪图像

（2）在"属性检查器"中单击"裁剪"按钮 　　　　　，此时图像上会出现 8 个调整大小手柄，阴影区域为要删除的部分。拖动调整大小手柄，将图像的保留区域调整到合适大小，如图 3-50 所示。

图 3-50　裁剪控制手柄

（3）单击"裁剪"按钮或双击图像保留区域，效果如图 3-51 所示。Logo 的多余部分就被删除了。

图 3-51　完成裁剪效果

3. 调整亮度和对比度

在 Dreamweaver 中，可以通过"亮度和对比度"按钮调整网页中过亮或过暗的图像，使图像整体色调一致。选择属性面板中的"亮度和对比度"调整图像的亮度和对比度，如图 3-52 所示。

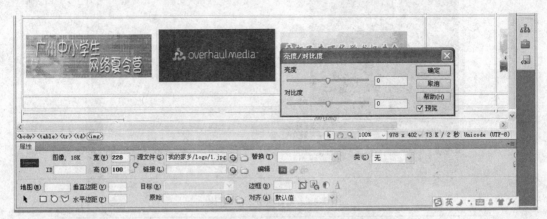

图 3-52　图像"亮度/对比度"调整对话框

4. 锐化

Dreamweaver 的"锐化"功能与 Photoshop 相似，是通过提高图像边缘部分的对比度，从而使图像边界更清晰。下面来学习如何将图像中边缘模糊的字体清晰化。

（1）在"编辑区"中单击选中要编辑的图像。

（2）在"属性检查器"中单击"锐化"按钮。

（3）在弹出的"锐化"对话框中，分别拖动滑块左右调节或在相应文本框中输入 0～10 的数值，直到达到满意效果，单击"确定"按钮，如图 3-53 所示。锐化后的图片边缘部分更加清晰。

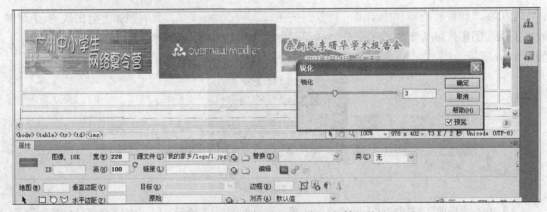

图 3-53　图像"锐化"设置对话框

3.3.5　创建图像的特殊效果

在上节中介绍了 Dreamweaver 基本的图像编辑功能，利用 Dreamweaver 还可以实现网页图像的特殊效果。本小节将学习如何设置图像替换文本以及创建鼠标经过图像效果。

1. 设置图像替换文本

网页中的某些图像代表特定的意义，有时需要为网页中的图像添加说明性文字，就会用到图像的 Alt 属性，设置图像的替换文本。当鼠标放置在图像上时，就会显示指定的说明性文字，效果如图 3-54 所示。

要实现这个效果只需要在选定的图像上右击鼠标，然后在弹出的菜单中选择"编辑标签"或者在"插入"菜单中的"图像对象"中选择"鼠标经过图像"，在对话框中进行设置即可。如图 3-55 所示。

图 3-54　网页图像说明性文字

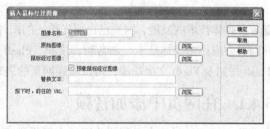

图 3-55　说明性文字"编辑标签"命令对话框

2. 创建鼠标经过图像

鼠标经过图像是指当鼠标指针移动到图像上时会显示预先设置好的另一副图像，当鼠标指针移开时，又会恢复为第一幅图像。在制作网页中的按钮、广告时，经常会用到这种效果。上图为页面载入时显示的图像，下图为鼠标经过时显示的图像。它实际上是由两幅图像组成，即原始图像和替换图像，在制作鼠标经过图像时，应保证两幅图像大小一致。具体操作如下。

（1）选择"插入"菜单中的"图像对象"，选择"鼠标经过图像"。如图 3-56 所示。

图 3-56　"鼠标经过图像"效果命令菜单

（2）打开对话框进行设置。在对话框中选择原始图像和替换图像，然后点击"确定"完成设置。如图 3-57 所示。

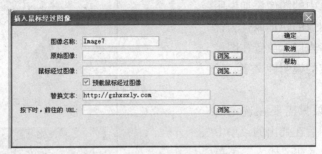

图 3-57　"鼠标经过图像"设置对话框

3.4　应用多媒体

随着多媒体技术的发展，网页已由原先单一的图片、文字内容发展为多种媒体相集合的表现形式。在网页中应用多媒体技术，如音频、视频、Flash 动画等内容，取消了之前版本中不常用到的插入 Flash 按钮及 Flash 文字功能，可以增强网页的表现效果，使网页更生动，激发访问者的兴趣。

3.4.1　在网页中添加音频

在浏览音乐网站时经常看到一些网站上提供音频播放器，可以在线欣赏音乐。在 Dreamweaver CS5 中提供了专门的插件可以实现此功能。本小节就来学习如何在网页中添加音频。在网页中添加音频有两种方式：一是以插入音频的形式，读者可以通过播放器控制音频；二是以添加背景音乐的形式，在加载页面时自动播放音频。

1. 插入音频

在网页中插入音频时，考虑到下载速度、声音效果等因素，一般采用 rm 或 mp3 格式的音频。在网页中插入音频，系统自动生成默认的播放器。

2. 添加背景音乐

背景音乐，顾名思义，就是在加载页面时，自动播放预先设置的音频，可以预先设定播放一次或重复播放等属性。

3.4.2　插入视频

在 Dreamweaver 中插入视频，常见的视频格式有"wmv"、"avi"、"mpg"及"rmvb"等，Dreamweaver 会根据视频格式不同，选用不同的播放器，默认的播放器是 Windows Media Player。

3.4.3　插入 Flash

Flash 是网上流行的矢量动画技术，近几年很多站点都采用了 Flash 技术，把传统网页无法做到的效果准确表现出来，增强了网页的吸引力，如使用 Flash 制作的导航条、按钮动感十足。Dreamweaver 中提供的 Flash 元素主要包括 Flash 动画、FlashPaper、Flash 视频以及内建的 Flash 按钮和 Flash 文本。本小节将分别学习各个 Flash 元素的插入与设置。

1. 插入 Flash 动画

Flash 动画中的元素都是矢量的，可以随意放大，且不会降低画面质量。此外，Flash 动画文件较小，适合在网络上使用。Flash 动画的扩展名为 ".swf"。下面就来学习在 Dreamweaver 中如何插入 Flash 动画。具体操作步骤如下。

（1）点击"常用"工具栏中的"插入媒体"，选择"SWF"，或选择"插入"菜单中的"媒体"，选择"SWF"。如图 3-58 所示。

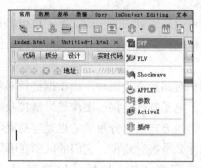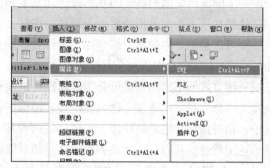

图 3-58　插入 Flash 媒体命令菜单

（2）根据对话框点选文件。

（3）设置文件存放的路径等相关内容，完成媒体的插入。

2. 插入 FlashPaper

FlashPaper 是 Macromedia 公司的一款文件转换软件，允许把任何的可打印的文档直接转换成 Flash 文档或 pdf 文档，并且保持原来的文件的排版格式。例如，用 FlashPaper 可以方便地将 Powerpoint 文档转换为 Flash 格式动画，FlashPaper 会自动生成控制条，可以实现缩小放大画面、翻页、移动等操作。

3. 插入 Flash 视频

Flash 视频是一种新的流媒体视频格式，其文件扩展名为 ".flv"。Flash 视频文件极小，加载速度极快，它的出现有效地解决了视频文件导入 Flash 后，导出的 SWF 文件体积庞大，不能在网络上很好地使用等缺点。网站的访问者只要能看 Flash 动画，就能看 flv 格式视频，而无须再额外安装其他视频插件，使得网络观看视频文件成为可能。

目前国内外网站提供的视频内容可谓各有千秋，但它们大体都使用 flv 格式作为视频播放载体。

3.4.4　插入 Shockwave 动画

Shockwave 是 Adobe 公司开发的标准的网络交互多媒体的压缩文件格式。Shockwave 提供了强大的、可扩展的脚本引擎，使得它可以制作聊天室、操作 HTML、解析 XML 文档、控制矢量图形。Shockwave 动画是用 Director 制作，文件扩展名是 ".dcr"。同 Flash 一样，播放 Shockwave 动画，需要安装播放器插件。从 Adobe 网站上即可下载 Adobe Shockwave player。

3.5　超　链　接

在这一节我们引入一个新的概念——超链接（Hyperlink）。在网页设计中，超链接的应用非常广泛，熟练地应用超链接是设计网页的基本要求。本章主要讲解的内容是超链接的基本知识、各种超链接的操作方法以及检查和修复网页中的超链接。

3.5.1　超链接概述

超链接是 Web 页中最吸引人的部分。Internet 之所以如此受到人们的欢迎，很大程度上是由于在网页中使用了大量的超链接。在介绍使用 Dreamweaver CS5 在文档中创建超链接之前，我们先来回顾一下前面所学的超链接的基本概念和基本知识。

超链接是指从一个对象指向另一个对象的指针，它可以是网页中的一段文字，也可以是一张图片，甚至可以是图片中的某一部分。它允许我们同其他网页、站点、图片、文件等进行链接，从而使 Internet 上的信息构成一个有机的整体。

根据链接方式的不同超链接可分为绝对路径链接和相对路径链接两种。而根据链接对象的不同超链接又可分为超文本链接、命名锚链接、图像链接、电子邮件链接、图像热区链接及空链接等。其中，相对路径与绝对路径作为超链接的两种基本链接方式是十分重要的也是容易混淆的，要想熟练运用超链接我们首先就要弄清什么是相对路径什么是绝对路径，它们的区别在哪里。

（1）绝对路径：指明目标端点所在具体位置的完整 URL 地址的链接路径。如：http://www/163.com。

（2）相对路径：指明目标端点与源端点之间相对位置关系的路径称为相对路径。如站点内网页的链接路径：../news/news1.html。

3.5.2　超文本链接

超文本链接是最普通、最简单的一种超链接。在 Dreamweaver 中根据链接目标的不同，超文本链接可以分为与本地网页文档的链接、与外部网页的链接、空链接等几种类型。下面将逐一介绍。

1.　创建与本地网页文档的链接

与本地网页文档的链接是最常见的超文本链接类型。通过创建与文档的链接，可以将本地站点的一个个单独的文档链接起来，形成网站。具体操作步骤如下。

（1）选择网页中要创建超链接的文字、图片、图像热区等。

（2）在"属性面板"的"链接"文本框中直接输入要链接的文档路径，如图 3-59 所示。

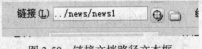

图 3-59　链接文档路径文本框

也可以利用文本框右边的功能键进行操作。

（1）拖动下面这个按钮直接指向要链接的文件，如图 3-60 所示。

（2）选中这个按钮，打开对话框，根据对话框选择要链接的文件，如图 3-61 所示。

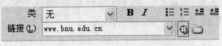

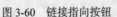

图 3-60　链接指向按钮

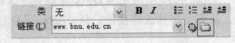

图 3-61　链接选择对话框按钮

2.　创建与外部网页的链接

上一小节介绍了创建与本地文档的链接，下面就来学习如何创建与外部网页的链接。具体操作步骤如下。

（1）选中要创建链接的文本"北京师范大学"，在"属性面板"的"链接"文本框中直接输入 URL 地址"www.bnu.edu.cn"，"目标"下拉列表框中选择"_blank"，如图 3-62 所示。

图 3-62　链接属性设置面板

（2）保存文件，在浏览器中预览时，单击文本"北京师范大学"，就会在新窗口中打开北京师范大学网站的主页。

3. 创建空链接

空链接是指未指定目标文档的链接。使用空链接可以为页面上的对象或文本附加行为。具体操作步骤如下。

（1）在网页中选择要创建空链接的文本"更多进入"；在"属性面板"的"链接"文本框中直接输入"#"，如图 3-63 所示。

图 3-63　空链接设置

（2）保存文件，在浏览器中预览时，"更多进入"显示为超文本链接的样式，单击后不会跳转到别的页面，如图 3-64 所示。

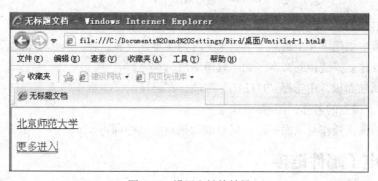

图 3-64　设置空链接效果

3.5.3　命名锚链接

当用户浏览一个内容较多的网页时，查找信息会浪费大量的时间。在这种情况下，可以在网页中创建锚链接，放在页面顶部作为书签，让用户可以点击后快速跳到感兴趣的内容中。锚实质上就是在文件中命名的位置或文本范围，锚链接起到的作用就是在文档中定位。单击锚链接，就会跳转到页面中指定的位置，如图 3-65 所示。

1. 创建锚点

在创建锚链接之前，首先要在页面中创建锚点。具体操作步骤如下。

（1）选择要创建锚点的位置"政府法规"上方，单击鼠标。

（2）选择"插入"菜单中的"命名锚点"或选用常用工具栏中的"命名锚点"按钮。

图 3-65　锚链接网页图例——中心小学主页

（3）在弹出的对话框中命名锚点的名字，单击"确定"。如图 3-66 所示红色的方框就是锚点标记。

（4）按上面的方法在页面中的其他 3 个位置插入锚点并命名。

图 3-66　命名锚点与锚点标记

2．建立锚链接

在上一小节中创建了 4 个锚点，下面来学习为文本建立锚链接。具体步骤如下。

（1）选择要建立锚链接的文本，如"政策法规"。

（2）在"属性面板"中选择"HTML"选项，在链接的文本框中键入要锚链接的路径，格式为"#"后面加上锚点的名称，如"#md1"。

（3）其他的锚点操作与上面一样，只是改动锚点的名称即可。

3.5.4　电子邮件链接

电子邮件链接是一种特殊的链接，在网页中单击这种链接，不是跳转到其他网页中，而是会自动启动电脑中的 Outlook Express 或其他 E-mail 程序，允许书写电子邮件，并发送到指定的地址，如图 3-67 所示。

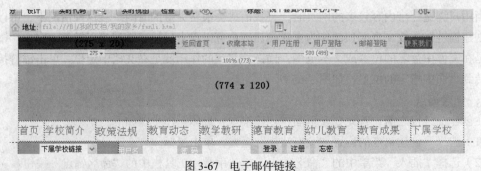

图 3-67　电子邮件链接

具体操作步骤如下。

（1）选择文本"联系我们"。

（2）选择"插入"菜单中的"电子邮件链接"或在"常用"工具栏中点击"电子邮件链接"按钮，如图 3-68 所示。

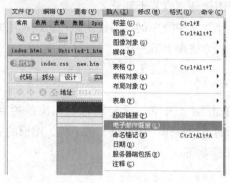

图 3-68　电子邮件链接命令菜单和快捷按钮

（3）在弹出的对话框中键入电子邮件地址即可，如图 3-69 所示。

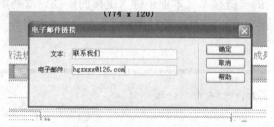

图 3-69　电子邮件设置对话框

3.5.5　图像热区链接

在 Dreamweaver CS5 中，除了可以给文本添加超链接，还可以给图像添加超链接。图像的超链接包括为整张图像创建超链接和在图像上创建热区两种方式。

1. 为整张图像创建超链接

这种应用方式很普遍，在网页中经常会用到。当鼠标移到设置了链接的图像上时，会变成"手形"；单击图像，会跳转到指定的页面。具体操作步骤如下。

（1）点选要创建超链接的图像。

（2）在"属性面板"的链接文本框中键入链接的路径，或利用文本框右边的两个功能键导入链接路径，完成设置超链接。如图 3-70 所示。

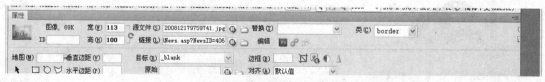

图 3-70　设置图像链接属性面板

2. 在图像上创建热区

在 Dreamweaver CS5 中，除了为整张图像创建超链接外，还可以在一张图像上创建多个链接区域，这些区域可以是矩形、圆形或者多边形。这些链接区域就叫做热区。当单击图像上的热区时，就会跳转到热区所链接的页面上。具体操作步骤如下。

（1）选择"属性面板"中的热点工具： 有矩形、圆形和多边形 3 种热点工具可供选择。

（2）根据不同的需要选用适当的热点工具把图像分割成若干部分。

（3）选中热点区域，在"属性面板"的"链接"文本框中键入链接的路径，或利用文本框右边的两个功能键导入链接路径，完成设置超链接。方法跟上节一样。

3.5.6　导航条

导航条是由一个图像或一组图像组成，单击某个图像，就会跳转到相应的栏目页面。Dreamweaver CS5 中的导航条功能可以设置鼠标的不同操作，如滑过、按下等，图像的显示内容也会随之变化，效果如图 3-71 所示。具体操作步骤如下。

（1）插入一个 1 行 9 列的表格。

（2）在单元格里输入导航栏目的名称，也可以插入图片等。

（3）选择要创建导航的文字或图片。

（4）在"属性面板"的"链接"文本框中键入链接的路径，或利用文本框右边的两个功能键导入链接路径，如本站点中的网页或完整的 URL 地址，完成设置导航栏的超链接。方法跟上节一样。

图 3-71　导航条实例网页

3.5.7　检查与修复链接

对于一个内容繁多的网站来说，通常包含有大量的超链接。使用 Dreamweaver CS5 的检查与修复链接功能，可以对当前网页文档中的所有链接进行检查，报告网页中断掉的链接并进行修复，省去了手工检查的麻烦。具体操作步骤如下。

（1）打开要进行链接检查的网页。

（2）单击"属性面板"下面系统提供的"链接检查器"选项，如图 3-72 所示。

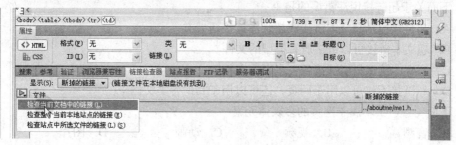

图 3-72 网页"链接检查器"面板

（3）单击文件左边的三角形图标，系统就会自动检查链接的正确性，把错误的链接显示在窗口中。

小　结

本章首先介绍了 Adobe Dreamweaver CS5 的特点、功能和运行界面，再对网页中出现的文本、图像、音频、视频、动画及超链接等元素的使用进行了详细的描述，为设计网页打下基础。

作业与实验

一、填空题

1. Flash 是网络上最为流行的_____动画制作软件。

2. 网页的主要组成元素有_____、_____、_____、_____和_____等。

3. 可以实现网页超链接的元素有_____、_____和_____等，超文本链接可以分为_____、_____和_____等几种类型。

二、选择题

1. 下面（　　）文件属于静态网页。

    A．abc.asp　　　　　B．abc.doc　　　　　C．abc.htm　　　　　D．abc.jsp

2. 下面（　　）不是网页编辑软件。

    A．Dreamweaver　　B．CuteFTP　　　　C．Word　　　　　D．Flash

3. 网页元素不包括（　　）。

    A．文字　　　　　　B．图片　　　　　　C．界面　　　　　　D．视频

4. DreamweaverMX 是（　　）公司的产品。

    A．Adobe　　　　　B．Corel　　　　　　C．Microsoft　　　　D．Macromedia

5. 下列（　　　）软件是用于网页排版的。

    A. Flash　　　　　　B. Photoshop　　　C. Dreamweaver　　D. CuteFTP

6. 文本被做成超链接后，鼠标移到文本，光标会变成（　　　）形状。

    A. 手形　　　　　　B. 十字形　　　　　C. 向右的箭头　　　D. 没变化

7. 下面关于超链接说法错误的是（　　　）。

    A. 超链接包括超文本链接和超媒体链接两大类

    B. 超文本链接可以链接所有类型的文件

    C. 超媒体链接只能链接各类多媒体文件

    D. 超链接不仅可以用于网页，还可以用于其他各类文档

8. 下面（　　　）不属于网页的多媒体元素。

    A. 音频　　　　　　B. 视频　　　　　　C. 动画　　　　　　D. 图片

9. 在（　　　）中可以为文字设置对齐方式、字体、字号和颜色。

    A. 属性面板　　　　B. 代码面板　　　　C. 设计面板　　　　D. 文件面板

10. 在复制带有格式的文本时，可以先将内容粘贴到（　　　），再将其中没有格式的文本复制到剪贴板上，最后再粘贴到 Dreamweaver 编辑窗口中。

    A. 文件夹　　　　　B. 记事本　　　　　C. Word 文档　　　　D. Excel 文档

三、实验问答题

1. 安装、运行 Adobe Dreamweaver CS5，仔细查看该软件的各级菜单功能，体会该软件的强大功能。

2. 浏览一些知名网站，如 "www.qq.com"、"www.sohu.com" 等，观察它们各自的风格、网页的布局和组成元素。

3. 浏览网页有哪些常见的浏览器？

4. 设计 "鲸鱼和螃蟹" 网页，制作一个有不同大小的图像（鲸鱼和螃蟹的照片）的网页，在该网页中插入不同的图像并分别设置粗细不同的边框。

5. 制作一个地图网页效果（地图可以网上搜索，也可以在本书附带素材中拷贝），并创建热区链接。要求：为地图上各个地区勒出热区，并链接到各个地区网站（网址请通过百度搜索）。

第4章
表格

- 学会表格的基本操作
- 学会在表格中添加各种元素
- 学会表格属性的设置
- 掌握在表格中导入、导出数据
- 能制作简单表格

4.1　表格的基本操作

本节主要介绍表格的基本组成部分以及一些基本操作，如插入表格、选择表格、添加或删除表格的行和列、单元格的拆分与合并等。掌握这些基本用法，利用表格就可以实现对网页的布局，如图 4-1 所示的个人电子简历就是用了大量表格来进行布局的。

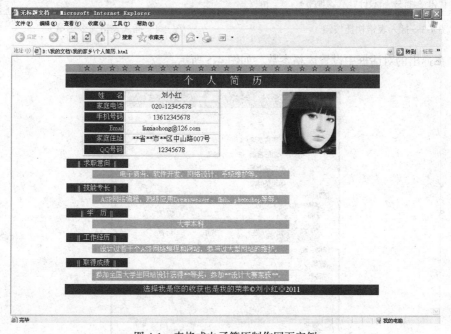

图 4-1　表格式电子简历制作网页实例

4.1.1 表格的组成

表格通常由标题、行、列、单元格、边框等几部分组成，如图 4-2 所示是一个 3 行 3 列的表格，边框粗细为 2 像素。其中，标题位于表格第①行，用来说明表格的主题。一张表格横向叫行，纵向叫列，行列交叉部分就叫做单元格。单元格中的内容和边框之间的距离叫边距。单元格和单元格之间的距离叫间距。整张表格的边缘叫做边框。

图 4-2 表格的组成——行、列、单元格、边框

4.1.2 插入表格

Dreamweaver CS5 提供了多种插入表格的方法，下面来介绍如何插入表格以及设置表格参数。具体操作步骤如下。

（1）单击"常用"菜单中的"表格"按钮，如图 4-3 所示；或选择"插入"菜单中的"表格"选项，如图 4-4 所示。

图 4-3 插入表格快捷按钮

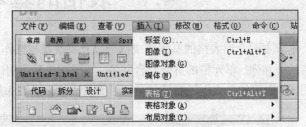

图 4-4 插入表格命令菜单

（2）在弹出的对话框中设置表格参数，如图 4-5 所示。

图 4-5 表格参数设置对话框

（3）单击"确定"，完成表格的插入。

4.1.3 选择表格

对插入的表格进行编辑之前，首先选择表格要编辑的区域，可以选择整个表格、一行、一列、连续或不连续的多个单元格。

1. 选择整个表格

在编辑窗口中，拖动鼠标，圈选整个表格，或单击编辑窗口下面"table"的标签，系统自动选择整个表格，如图 4-6 所示。

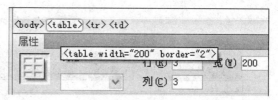

2. 选择一行

在编辑窗口中，拖动鼠标，圈选一行，或单击要选择的行中的任意一个单元格，然后点击编辑窗口下面的"tr"的标签，系统自动选择一行，如图 4-7（a）所示。

图 4-6 编辑窗口中选取整个表格快捷按钮

图 4-7（a） 编辑窗口中选取任意行快捷按钮

图 4-7（b） 编辑窗口中选取任意列快捷按钮

3. 选择一列

在编辑窗口中，拖动鼠标，圈选一列。或单击要选择的列中的任意个单元格，然后单击表格上方的小三角形按钮选择"选择列"的标签，系统自动选择一列。如图 4-7（b）所示。

4. 选择连续或不连续的多个单元格

在编辑窗口中，按住"ctrl"键不放，同时用鼠标单击选择单元格，如图 4-8 所示。

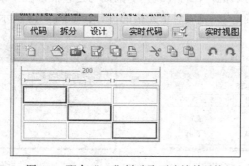

图 4-8 配合"ctrl"键选取不连续单元格

4.1.4 添加或删除表格的行和列

在表格中添加行或列是表格经常用到的基本操作之一。下面以网页 "个人电子简历"为例，来学习如何在表格中添加行和列。具体操作步骤如下。

（1）在表格中用鼠标单击要插入行或列的位置，如在"个人简历"这一行下面添加一行，如图 4-9 所示。鼠标在插入位置的下一行的左边单击，选中这一行。

（2）鼠标指针放于行的位置上，右击鼠标，在弹出的菜单中选择"表格"选项里的"插入行"，则系统自动在选定的行的上面添加一行，如图 4-10 所示。

图 4-9　选取插入行的位置

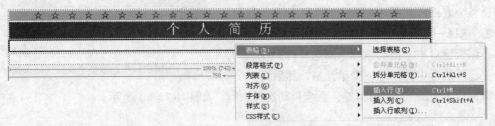

图 4-10　"插入行"命令菜单

（3）添加列的方法跟添加行的方法类似。

4.1.5　单元格的拆分与合并

在应用表格时，有时需要对单元格进行拆分与合并。实际上，不规则的表格是由规则的表格拆分合并而成的。拆分是指将一个单元格拆分为多个单元格；合并是指将多个连续的单元格合并成一个单元格。

1．单元格的拆分

（1）选中要拆分的单元格，用鼠标在单元格上单击。

（2）在"属性面板"中，系统提供了简便的拆分单元格按钮，如图 4-11 所示。

（3）打开拆分单元格对话框，在行（或列）前面勾选，然后在下面的数值文本框中选择数值或直接输入数值，单击"确定"，完成对单元格的拆分，如图 4-12 所示。

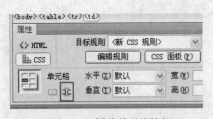

图 4-11　拆分单元格按钮

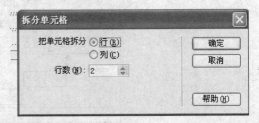

图 4-12　"拆分单元格"对话框

（4）如图 4-13 所示是把一个单元格拆分成 4 列。

图 4-13　单元格拆分效果

2. 单元格的合并

（1）选中要合并的单元格。按住鼠标左键，在单元格上拖动。（注意：合并功能必须选用连续的单元格）

（2）在"属性面板"中，系统提供了简便的合并单元格按钮，如图 4-14 所示。

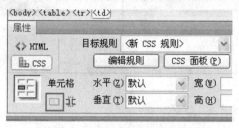

图 4-14　合并单元格快捷按钮

（3）单击"合并"按钮，完成合并功能。如图 4-15 所示，把上面 4 列中中间的两列合并成一列。

图 4-15　合并单元格效果

4.2　在表格中添加内容

表格建立后，可以在表格中添加内容。这一节主要学习如何在表格中添加图像、表格与文本等网页元素。下面以"个人电子简历"为例，谈一谈如何在表格中插入图像、嵌套表格与添加文本等。

4.2.1　在表格中插入图像

（1）在"编辑区"中，将光标移至要插入图像的单元格中，如图 4-16 所示。

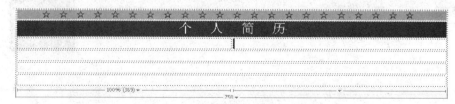

图 4-16　选取需要插入图像的单元格

（2）在"插入"工具栏的"常用"类别中，单击"图像"按钮图。在弹出的"选择图像源文件"对话框中，浏览并选中要插入的图像，单击"确定"按钮，表格中即会出现插入的图像，如图 4-17 所示。

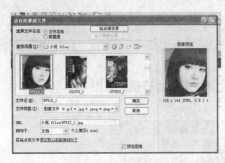 

图 4-17　插入图像对话框与插入效果

4.2.2　在表格中插入表格

在表格中插入新的表格，称为表格的嵌套，用这种方式可以创建出复杂的表格，是网页布局常用的方法之一。具体操作步骤如下。

（1）在"编辑区"中，将光标移到要插入表格的单元格中，如图 4-18 所示。

图 4-18　选取需要嵌套表格的单元格

（2）在"插入"工具栏的"常用"类别中，单击"表格"按钮。与插入新表格操作相同，在弹出的"表格"对话框中，"行数"文本框中输入表格的行数"6"；"列数"文本框中输入表格的列数"2"；"表格宽度"选择"90"，单位是"百分比"；"边框粗细"为"0"像素，单击"确定"按钮。此时，在单元格中插入了一个 6 行 2 列的表格，如图 4-19 所示。

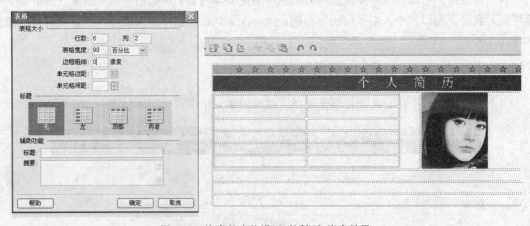

图 4-19　嵌套的表格设置对话框与嵌套效果

4.2.3　在表格中添加文本

将光标移至新插入表格的单元格中，通过键盘直接在单元格中输入文字，或通过其他文档采用"复制+粘贴"的方法将文字输入到单元格中，如图 4-20 所示。

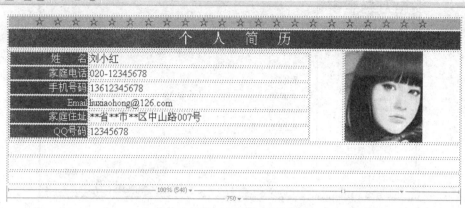

图 4-20 单元格添加文字

4.3 表格属性

利用属性检查器对表格属性进行设置，可以美化表格，实现网页布局所需要的效果。属性设置包括两部分，一是整个表格的属性设置，如表格的大小、边框、对齐方式及背景等；二是单元格的属性设置，如单元格的大小、对齐方式、边框及背景等。

4.3.1 设置表格属性

本小节主要介绍设置表格外观、设置背景图像、表格宽度转换等内容。

1. 设置表格外观

（1）选中表格，在"属性面板"中设置表格的外观，如宽度、填充、间距、对齐方式、边框等，也可以选中表格，在表格的边框上右击鼠标，弹出快捷菜单，如图 4-21 所示。

（2）选择"编辑标签"，在弹出的对话框中选择"浏览器特定的"选项，作详细的外观设置，如图 4-22 所示。

2. 设置背景图像

选中表格，在表格的边框上右击鼠标，在弹出的对

图 4-21 设置表格外观快捷菜单

话框中选择"编辑标签"，在对话框中选择"浏览器特定的"，设置背景图像，如图 4-23 所示。

3. 表格宽度转换

表格宽度可以随意转换，直接在"属性面板"中设置。设置有两种方法。

（1）在表格宽度的文本框中直接输入数据，但要考虑常用显示器分辨率的大小，设置数据过大会使浏览页面时出现左右方向的滚动条，不利于浏览网页。

（2）在表格宽度的文本框中直接输入百分比，系统自动根据所用机器的显示器大小设置表格的宽度，如图 4-24 所示。

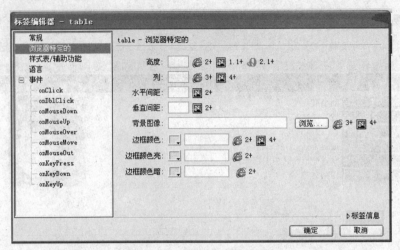

图 4-22　表格外观设置对话框

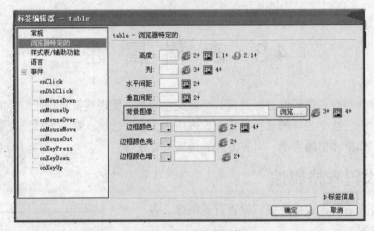

图 4-23　设置背景图像

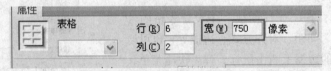

图 4-24　表格宽度属性设置面板

4.3.2　设置单元格属性

1. 设置对齐方式、标题、换行

选中要设置的单元格，在"属性面板"中进行设置，选择"HTML"或"CSS"都可以设置。如图 4-25 所示是"CSS"选项的设置面板。

图 4-25　单元格属性设置面板

2. 设置单元格颜色

设置单元格颜色的方法与上面的设置方式基本相同，选择"属性面板"中的"背景颜色"，在弹出的色板中点选颜色，如图 4-26 所示。

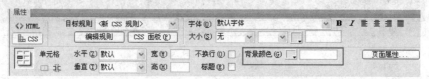

图 4-26　单元格背景颜色设置

4.3.3　实例应用——制作功课表

下面以制作一张功课表为例，介绍表格的实例应用。制成的功课表效果如图 4-27 所示。

	星期一	星期二	星期三	星期四	星期五
上　午	语文	数学	英语	数学	语文
	体育	综合实践	语文	体育	数学
	音乐	语文	数学	体育	综合实践
午　休　时　间					
下　午	数学	品德	语文	语文	英语
	品德	英语	科学	品德	科学
	信息技术	班队活动	美术	音乐	书法
☆南方小学五年级（一）班功课表☆					

图 4-27　表格实例应用——功课表

制作步骤如下。

（1）在编辑窗口中插入一个 6 行 6 列的表格，表格边框为 2，选用居中对齐，如图 4-28 所示。

图 4-28　插入 6×6 表格

（2）合并第 1 行的第 2 至第 6 列，并输入"功课表"3 个字，字体为宋体，大小 48 像素，颜色为红色#FF0000，单元格背景颜色为#0000FF，如图 4-29 所示。

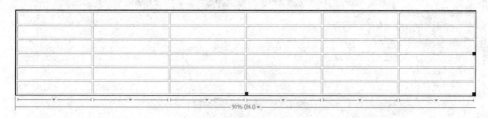

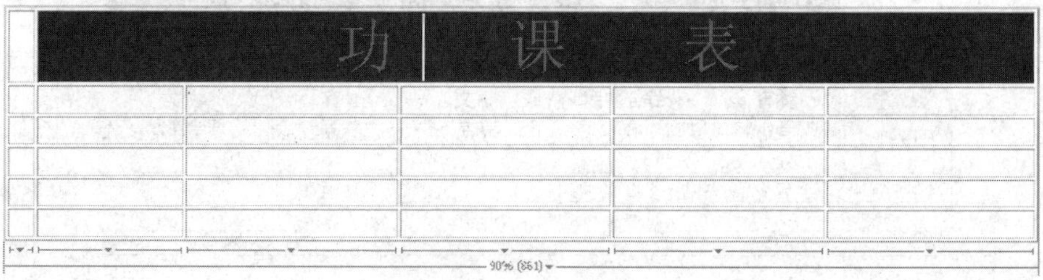

图 4-29　合并行列并设置功课表头文字属性

（3）在第 2 行的第 2 至第 6 列中分别输入星期几，字体为宋体，大小 18 像素，颜色黑色加粗，单元格的背景颜色为#00FFFF，如图 4-30 所示。

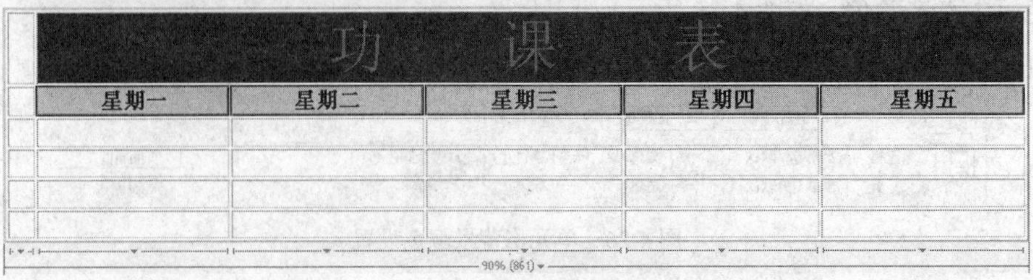

图 4-30　设置列项目文字属性

（4）在第 3 行第 1 列输入"上午"，字体为宋体，大小 18 像素，颜色黑色加粗，单元格的背景颜色为#00FFFF，如图 4-31 所示。

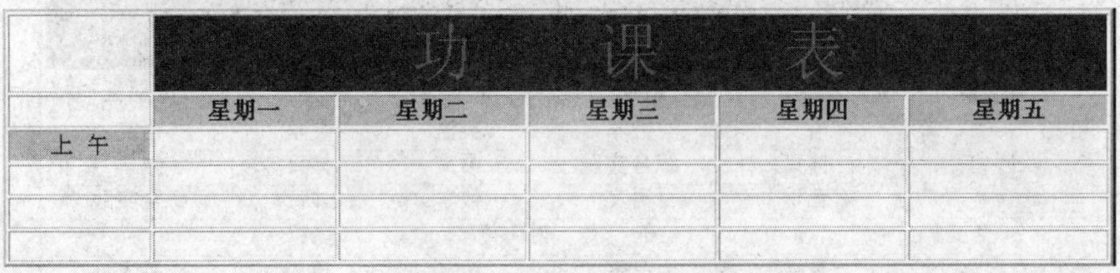

图 4-31　设置行文字属性

（5）在上午下面插入 2 行，准备输入上午的功课，合并第 1 列的第 3 到第 5 行，如图 4-32 所示。

图 4-32　插入行与合并行

（6）输入上午的功课，字体为宋体，大小 18 像素，颜色为黑色，单元格的背景颜色为 #CCFFFF，如图 4-33 所示。

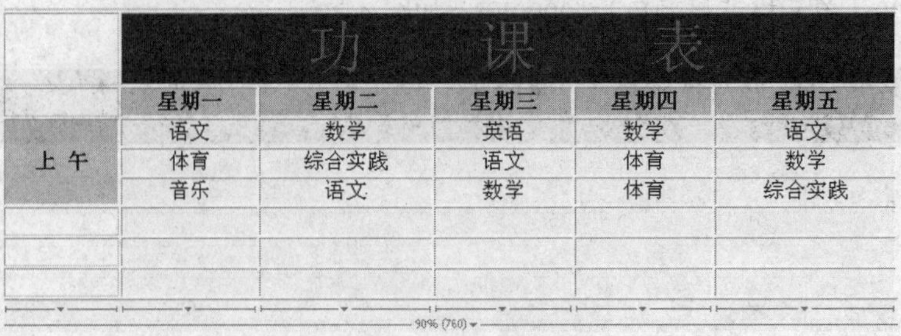

图 4-33　编辑单元格内科目文字及属性

（7）合并"上午"下面的一行，输入"午休时间"，字体为宋体，大小 18 像素，颜色为黑色，单元格的背景颜色为#CCFFFF，如图 4-34 所示。

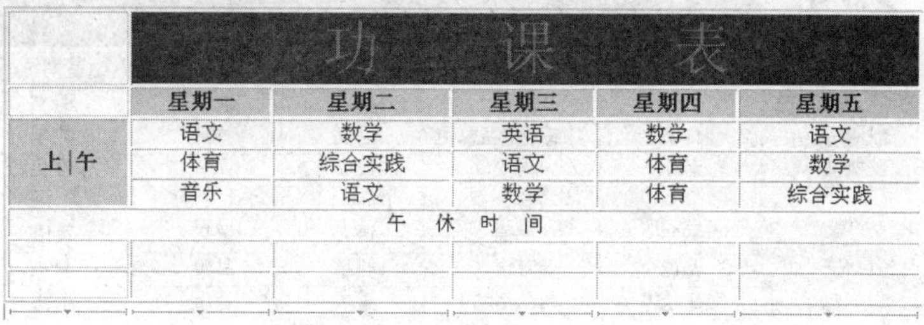

图 4-34 合并行区分上下午功课

（8）在"午休时间"下面一行第 1 列中输入"下午"，字体为宋体，大小 18 像素，颜色为黑色加粗，单元格的背景颜色为#00FFFF，如图 4-35 所示。

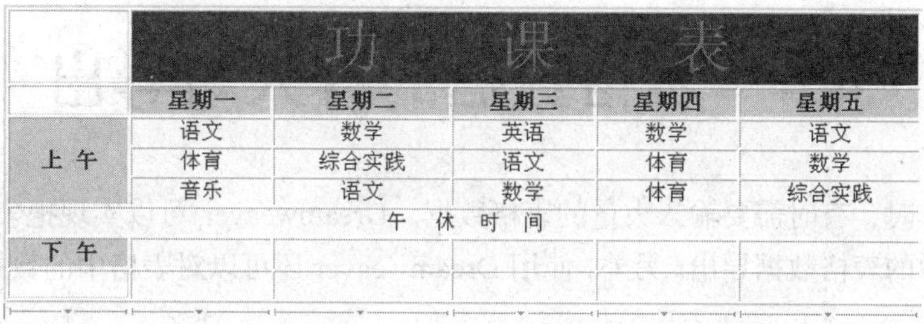

图 4-35 编辑下午项目

（9）在下午下面插入 2 行，并输入下午的功课，合并第 1 列的第 3 到第 5 行，如图 4-36 所示。

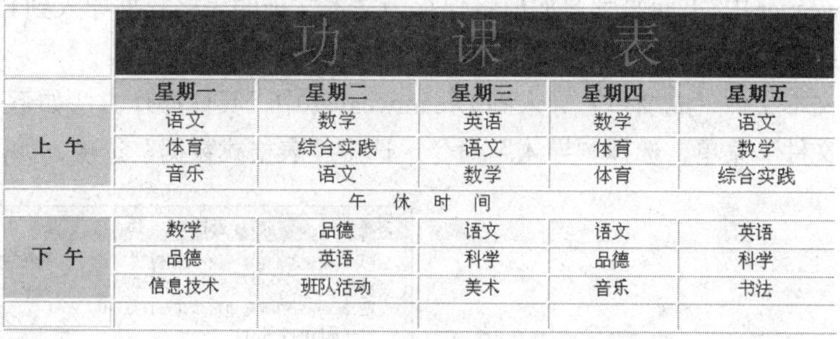

图 4-36 编辑下午功课科目

（10）合并最后一行，并输入"☆南方小学五年级（一）班功课表☆"，字体为宋体，大小 18 像素，颜色为黑色，单元格的背景颜色为#CCFFFF，如图 4-37 所示。

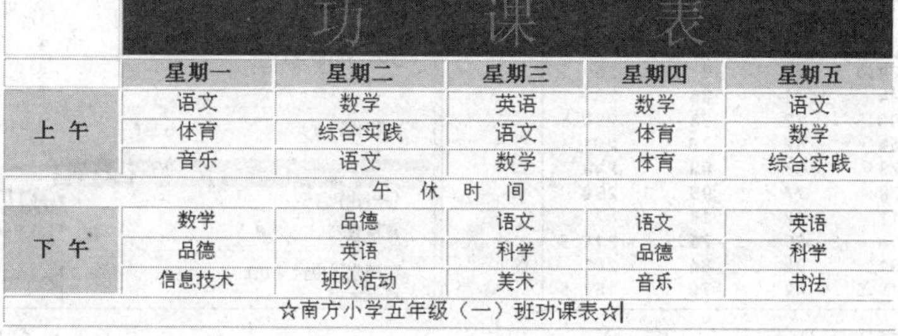

图 4-37 编辑功课表标签

（11）合并第1、2行，背景颜色为白色，插入一张卡通图片——牛博士，如图4-38所示。

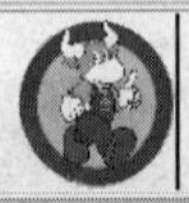

功　课　表					
	星期一	星期二	星期三	星期四	星期五
上 午	语文	数学	英语	数学	语文
	体育	综合实践	语文	体育	数学
	音乐	语文	数学	体育	综合实践
午　休　时　间					
下 午	数学	品德	语文	语文	英语
	品德	英语	科学	品德	科学
	信息技术	班队活动	美术	音乐	书法
☆南方小学五年级（一）班功课表☆					

图4-38　插入卡通图片——牛博士

（12）单击“保存”，完成功课表的制作。

4.4　表格数据的导入与导出

在网页制作时，有时需要输入大量的表格数据。Dreamweaver可以实现把表格数据导入到网页中或把网页中的表格数据导出。另外，使用Dreamweaver还可以对表格中的数据进行排序操作。

4.4.1　表格数据的导入

在Dreamweaver中我们可以利用“文件”菜单中的“导入”命令，在编辑窗口中把Excel表格导入到Dreamweaver中，下面来学习如何将保存为文本文档的表格数据导入到Dreamweaver中。双击打开要导入的文档，如图4-39所示。

要把上面的文本文件“成绩单”导入到Dreamweaver中，具体操作方法如下。

（1）单击“文件”菜单，选择“导入”命令，选中“表格式数据”选项，如图4-40所示。

座号	姓名	语文	数学	英语	总分
1	郑小璇	79.5	93	97	269.5
2	刘丽丽	74	71	86	231
3	郑媛媛	80.5	72	98	250.5
4	王知秋	64	67	70	201
5	张琳	73	87	83	243
6	黄璇	78	77	95	250
7	余小红	17	12	18	47
8	陈伦比	53	85	76.5	214.5
9	余小婷	81	94	86	261
10	张超	18.5	49	70	137.5

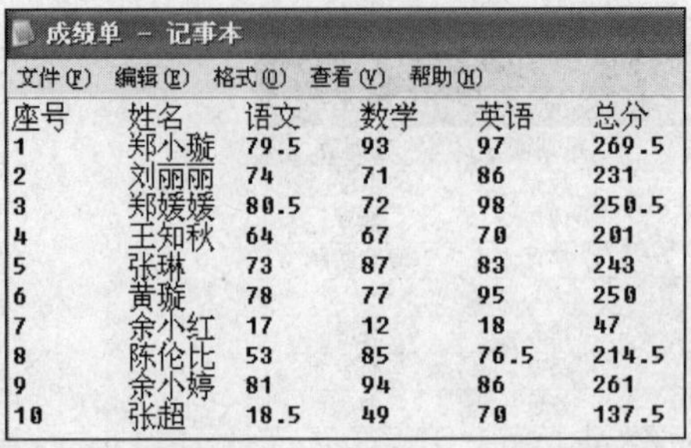

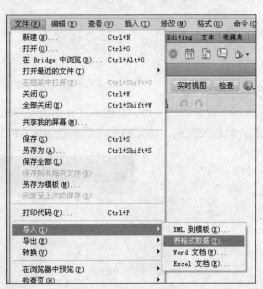

图4-39　导入文件实例——成绩单

图4-40　导入文件命令菜单

也可以在经典面板的"数据"类别中，单击"导入表格式数据"图标，如图 4-41 所示，完成导入命令。

（2）导入数据文件。在弹出的对话框中选择要导入的文件的名称。单击"浏览"按钮选择一个文件，如图 4-42 所示。

（3）选定文件名称后按"确定"，然后选择要导入的文件中所使用的定界符（一般系统会自动识别定界符），如图 4-43 所示。

图 4-41 导入文件快捷按钮

图 4-42 导入文件对话框

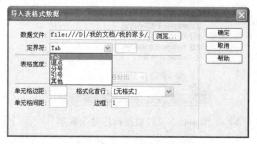

图 4-43 文件定界符设置

如果选择了"其他"，则弹出菜单的右侧会出现一个文本框，输入文件中使用的分隔符。

注：将分隔符指定为先前保存数据文件时所使用的分隔符。如果不这样做，则无法正确地导入文件，也无法在表格中对数据进行正确的格式设置。

（4）完成对话框的其他设置，如图 4-44 所示。

① 设置表格的宽度。选择"匹配内容"，使每个列足够宽以适应该列中最长的文本字符串。选择"设置为："，以像素为单位指定固定的表格宽度，或按占浏览器窗口宽度的百分比指定表格宽度。如果没有明确指定边框、单元格间距和单元格边距的值，则大多数浏览器都按边框和单元格边距设置为 1，单元格间距设置为 2 来显示表

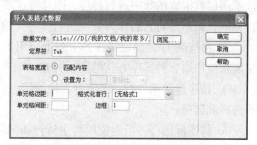

图 4-44 导入文件对话框其他设置

格。若要确保浏览器显示表格时不显示边距或间距，可将"单元格边距"和"单元格间距"设置为 0。若要在边框设置为 0 时查看单元格和表格边框，请选择"查看"|"可视化助理"|"表格边框"。

② 设置单元格边距。为单元格内容与单元格边框之间的像素数，根据需要填入数据。

③ 设置单元格间距。为相邻的表格单元格之间的像素数，根据需要填入数据。

④ 指定表格边框的宽度（以像素为单位），根据需要填入数据。

⑤ 设置格式化首行，确定应用于表格首行的格式设置（如果存在）。从 4 个格式设置选项中进行选择：无格式、粗体、斜体或加粗斜体。

4.4.2　表格数据排序

利用 Dreamweaver CS5 的表格排序功能可以像 Excel 一样对表格中的数据进行排序。我们可以根据单个列的内容对表格中的行进行排序，还可以根据两个列的内容执行更加复杂的表格排序。但不能对包含 colspan 或 rowspan 属性的表格（即包含合并单元格的表格）进行排序。下面以刚导

入的表格为例作演示，按总分降序排序。

（1）选择该表格或单击任意单元格。选择"命令"|"排序表格"，如图 4-45 所示。

（2）在对话框中设置选项，然后单击"确定"，如图 4-46 所示。

图 4-45　文件数据排序命令菜单

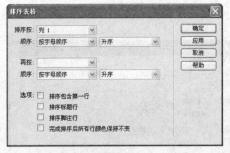

图 4-46　文件数据排序命令对话框

下面对对话框中的各项设置做简单的说明。

① 排序按。确定使用哪个列的值对表格的行进行排序。

② 顺序。确定是按字母还是按数字顺序以及是以升序（从 A 到 Z，数字从小到大）还是以降序对列进行排序。当列的内容是数字时，选择"按数字顺序"；如果"按字母顺序"对一组由一位或两位数组成的数字进行排序，则会将这些数字作为单词进行排序（排序结果如 1、10、2、20、3、30），而不是将它们作为数字进行排序（排序结果如 1、2、3、10、20、30）。

③ 再按/顺序。确定将在另一列上应用第 2 种排序方法的排序顺序。在"再按"弹出菜单中指定将应用第 2 种排序方法的列，并在"顺序"弹出菜单中指定第 2 种排序方法的排序顺序。

④ 排序包含第一行。指定将表格的第一行包括在排序中。如果第一行是不应移动的标题，则不选择此选项。

⑤ 排序标题行。指定使用与主体行相同的条件对表格的 thead 部分（如果有）中的所有行进行排序（请注意，即使在排序后，thead 行也将保留在 thead 部分并仍显示在表格的顶部）。有关 thead 标签的信息，请参阅"参考"面板（选择"帮助"|"参考"）。

⑥ 排序脚注行。指定按照与主体行相同的条件对表格的 tfoot 部分（如果有）中的所有行进行排序（请注意，即使在排序后，tfoot 行也将保留在 tfoot 部分并仍显示在表格的底部）。有关 tfoot 标签的信息，请参阅"参考"面板（选择"帮助"|参考）。

⑦ 完成排序后所有行颜色保持不变。指定排序之后表格行属性（如颜色）应该与同一内容保持关联。如果表格行使用两种交替的颜色，则不要选择此选项，以确保排序后的表格仍具有颜色交替的行。如果行属性特定于每行的内容，则选择此选项以确保这些属性保持与排序后表格中正确的行关联在一起。

座号	姓名	语文	数学	英语	总分
1	郑小璇	79.5	93	97	269.5
9	余小婷	81	94	86	261
3	郑媛媛	80.5	72	98	250.5
6	黄璇	78	77	95	250
5	张琳	73	87	83	243
2	刘丽丽	74	71	86	231
8	陈伦比	53	85	76.5	214.5
4	王知秋	64	67	70	201
10	张超	18.5	49	70	137.5
7	余小红	17	12	18	47

图 4-47　导入文件数据排序效果

（3）排序后，效果如图 4-47 所示。

4.4.3　从网页中导出表格数据

上面我们学习了在 Dreamweaver 中导入表格数据，我们也可以将表格数据从 Dreamweaver 导出到文本文件中，相邻单元格的内容由分隔符隔开，也可以使用逗号、冒号、分号或空格作为分隔符。当导出表格时，将导出整个表格，而不能选择导出部分表格。本小节来学习如何从网页中导出表格式数据。具体操作步骤如下。

（1）将插入点放置在表格中的任意单元格中。

（2）选择"文件"|"导出"|"表格"，如图 4-48 所示。

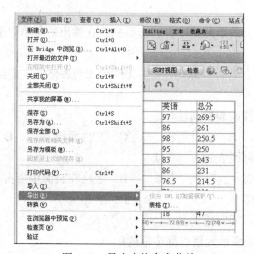

图 4-48　导出表格命令菜单

（3）在弹出的对话框中指定以下选项，如图 4-49所示。

① 定界符。指定应该使用哪种分隔符在导出的文件中隔开各项。我们选择"Tab"选项。

② 换行符。指定将在哪种操作系统中打开导出的文件，Windows、Macintosh 还是 UNIX（不同的操作系统具有不同的指示文本行结尾的方式）。我们选择"Windows"选项。

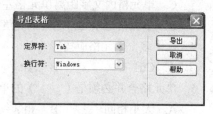

图 4-49　"导出表格"命令对话框

（4）单击"导出"。输入文件名称（如：排序成绩表），然后单击"保存"，完成文件的导出。

　　　如果只需要表格中的某些数据（例如前 6 行或前 6 列），则复制包含这些数据的单元格，将这些单元格粘贴到表格外（创建新表格），然后导出这个新表格。

小　　结

本章首先介绍了 Adobe Dreamweaver CS5 中表格的作用，详细介绍了表格的插入、格式的设置、网页元素的添加以及表格在网页布局上的作用，描述了一个功课表的制作过程，最后讲解了表格数据的导入、排序和导出操作。

作业与实验

一、填空题

1. 在"插入"菜单中选择＿＿＿＿＿＿命令，可在网页文档中插入表格。

2. 选中表格后，表格的外框变成＿＿＿＿＿＿，并在右方、下方和右下方各会显示一个黑色＿＿＿＿＿＿。

3. 将光标放置在要拆分的单元格中，右击鼠标，在弹出的菜单中选择"表格"下的＿＿＿＿＿命令。

4. 在 Dreamweaver 中，若将 *.txt 的文本文件导入到表格，主要依靠＿＿＿＿＿＿来进行识别。

二、选择题

1. 在（   ）中可以修改表格属性。

   A. 代码面板　　　　B. 设计面板　　　　C. 文件面板　　　　D. 属性面板

2. 插入表格对话框中间距表示（   ）。

   A. 表格的外框精细　　　　　　　　　　B. 表格在页面中所占用的空间

   C. 表格之间的距离　　　　　　　　　　D. 表格大小

3. 在表格属性设置中，间距指的是（   ）。

   A. 单元格内文字距离单元格内部边框的距离

   B. 单元格内图像距离单元格内部边框的距离

   C. 单元格内文字距离单元格左部边框的距离

   D. 单元格与单元格之间的宽度

4. 选中多个单元格应按住（   ）键。

   A. Ctrl　　　　　　B. Alt　　　　　　C. Shift　　　　　　D. Ctrl+Alt

5. 单元格合并必须是（   ）的单元格。

   A. 大小相同　　　　B. 相邻　　　　　　C. 颜色相同　　　　D. 同一行或同一列

6. 下面说法错误的是（   ）。

   A. 单元格可以相互合并　　　　　　　　B. 在表格中可以插入行

   C. 可以拆分单元格　　　　　　　　　　D. 在单元格中不可以设置背景图片

三、实验问答题

1. 表格在网页设计中有什么作用？如何插入表格？

2. 在网页中插入一个行和列分别是 8 和 3 的表格，将制作好的表格边框色和背景色用 5 组不同的颜色搭配，然后把行列之间的背景颜色也做出不同的变化来。

3. 制作自己所在班级本学期的功课表。

第5章
框架

- 了解框架基本知识
- 掌握 Dreamweaver CS5 中框架的创建、属性设置
- 掌握利用框架进行网页布局

5.1 框架概述

  框架是网页布局中常使用的方法，使用框架布局，能使界面更加友好，起到良好布局效果。使用框架，可以在同一浏览窗口中显示多个不同的文件。最常见的用法是将窗口的左侧或上侧的区域设置为目录区，用于显示文件的目录或导航条。而将右边一块面积较大的区域设置为页面的主体区域。通过在文件目录和文件内容之间建立超链接，用户单击目录区中的文件目录，文件内容将在主体区域内显示，用这种方法便于用户继续浏览其他的网页文件。框架布局如图 5-1 所示。

图 5-1　框架布局网页实例——语文课文朗读网

图 5-1 所示是语文课文朗诵网：www.968816.com，就是使用框架设计的一个网页，将网页窗口分成 3 个区域，上面是网站的导航条；窗口的左侧区域设置为目录区，用于显示各年级教材目录的导航条；将右边一块面积较大的区域设置为页面的主体区域。通过在教材目录和文件内容之间建立超链接，用户单击目录区中的教材目录，文件内容将在主体区域内显示，而上面和左面区域保持不变，我们可以随时浏览本年级其他的课文或其他年级的课文。

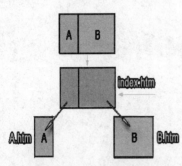

图 5-2 框架结构示意图

在浏览网页的时候，我们常常会遇到这样的一种导航结构，就是在左边单击超链接以后链接的目标出现在右面，或者在上边单击链接指向的目标页面出现在下面。要做出这样的效果，必须使用框架。一个框架就是一个区域，可以单独打开一个 HTML 文档。多个框架就把浏览器窗口分成不同的区域，每个区域显示不同的 HTML 文档。为了更好地理解什么是框架，我们画一张示意图来进行讨论，如图 5-2 所示。

多个框架就组成一个框架集，如图 5-2 所示是一个左右结构的框架。事实上这样的一个框架结构是由 3 个单独的网页文件组成的。首先外部的框架是一个文件，是用来"架起"框架里的两个文件 A、B 的"桥梁"，在图中我们用 index.htm 命名。框架中左边命名为 A，指向的是一个网页 A.htm；右边命名为 B，指向的是一个网页 B.htm。

5.1.1 框架基本概念

框架实际上是一种特殊的网页，它可以根据需要把浏览器窗口划分为多个区域，每个框架区域都是一个单独的网页。框架（Frames）由框架集（Frameset）和单个框架（Frame）两部分组成。框架集是一个定义框架结构的网页，它包括网页内框架的数量、每个框架的大小、框架内网页的来源和框架的其他属性等。单个框架包含在框架集中，是框架集的一部分，每个框架中都放置一个内容网页，组合起来就是浏览者看到的框架式网页。

5.1.2 框架的优缺点

1．在网页中使用框架的优点

（1）使网页结构清晰，易于维护和更新。

（2）访问者的浏览器不需要为每个页面重新加载与导航相关的图形。

（3）每个框架网页都具有独立的滚动条，因此访问者可以独立控制各个页面。

2．在网页中使用框架的缺点

（1）某些早期的浏览器不支持框架结构的网页。

（2）下载框架式网页速度慢。

（3）不利于内容较多、结构复杂页面的排版。

（4）大多数的搜索引擎都无法识别网页中的框架，或者无法对框架中的内容进行遍历或搜索。

5.2 框架的使用

上一节介绍了框架的基本概念以及在网页中使用框架的优缺点，本节就来学习如何创建框架和框架集，以及框架的基本操作、属性设置等的具体操作步骤。

在创建框架集或使用框架前，通过选择"查看"|"可视化助理"|"框架边框"，使框架边框在"文档"窗口的"设计"视图中可见。

5.2.1　创建框架和框架集

Dreamweaver CS5 提供了 15 种框架类型，分别是：上方固定、上方固定下方固定、上方固定右侧嵌套、上方固定左侧嵌套、下方固定、下方固定右侧嵌套、下方固定左侧嵌套、右侧固定、右侧固定上方嵌套、右侧固定下方嵌套、垂直拆分、左侧固定、左侧固定上方嵌套、左侧固定下方嵌套及水平拆分等，可以使用新建文档的方式创建空白框架网页，也可以将现有文档转变为框架结构。

1．创建空白框架网页

下面我们就从头开始来制作一个框架。（以左右框架结构为例）

（1）选择菜单"文件"|"新建"命令，弹出"新建文档"对话框，选择"示例中的页"|"框架页"|"左侧固定"，如图 5-3 所示。

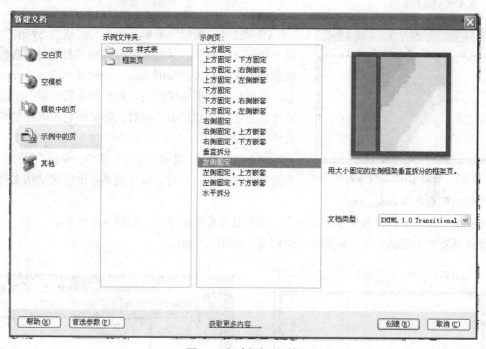

图 5-3　新建框架对话框

也可以在插入栏菜单中单击"布局"，单击框架按钮，如图 5-4 所示。

图 5-4　新建框架快捷按钮

在下拉菜单中选择"左侧框架"，如图 5-5 所示。

Dreamweaver CS5 生成了一个空白的框架页面，如图 5-6 所示。

图 5-5　框架结构选择菜单

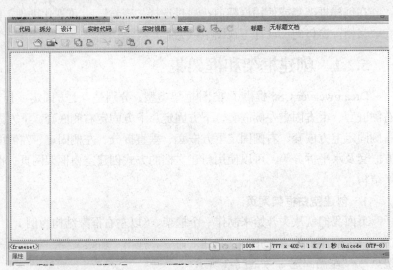

图 5-6　空白的框架页面

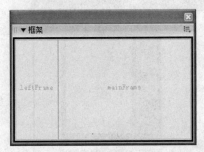

图 5-7　框架各组成部分的名称

（2）选择"窗口"菜单，单击"框架"，弹出"框架"面板如图 5-7 所示。从框架面板可知，系统对左右框架生成命名。左框架名为 leftFrame，右框架名为 mainFrame，当然也可以通过框架属性面板对框架重新命名，了解这一点非常重要。创建超级链接时，要依据它正确控制指向的页面。

（3）保存框架。选择"文件"菜单，单击"保存全部"，系统弹出对话框。这时，保存的是一个框架结构文件。我们按照惯例都命名为 index.htm。

保存的时候如果虚线框笼罩的是周围一圈就是保存框架结构，如图 5-8 所示。

虚线笼罩在右边就是保存框架中右边网页，如图 5-9 所示。

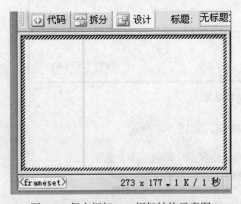

图 5-8　保存框架——框架结构示意图

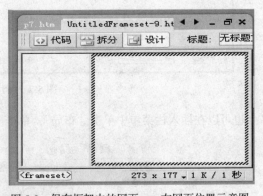

图 5-9　保存框架中的网页——右网页位置示意图

虚线笼罩在左边就是保存框架中左边的网页，如图 5-10 所示。

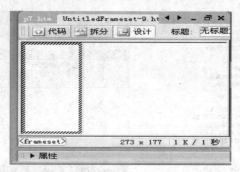

图 5-10　保存框架中的网页——左网页位置示意图

单击"确定"，3 个页面保存完毕。

（4）下面我们要实现单击左边的超链接，对应的页面出现在右边。在左边的页面中做超链接，指向一个已经存在的页面。注意做好链接以后，要在目标栏中设置为 mainFrame，如图 5-11 所示。

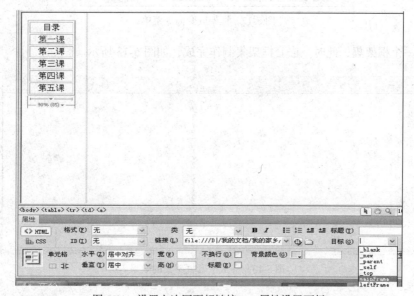

图 5-11　设置左边网页超链接——属性设置面板

（5）设置完毕，保存全部，按"F12"预览网页。链接指向的页面出现在右边框架中。

（6）重复以上步骤，把左框架所有的链接做完，一个简单的网站导航结构创建完成。

2．将现有文档创建为框架网页

把需要链接的内容制作成相应的网页文档保存，执行上面介绍的操作，把文档网页创建为框架网页。

5.2.2　框架的嵌套

框架的嵌套是指将一个框架集套在另一个框架集内。"上方固定，左侧嵌套"实际上就是一个嵌套的框架集，是在上下结构的框架集中嵌套一个左右结构的框架集。具体操作步骤如下。

（1）将鼠标移至要创建嵌套框架集的框架内，单击这个框架中的任意位置。

（2）单击"插入"选项中"HTML"中的"框架"，在下拉菜单中选择"左对齐"命令菜单，如图 5-12 所示。

图 5-12 框架嵌套命令菜单

新插入一个框架集，此时，嵌套框架集制作完成，如图 5-13 所示。

图 5-13 完成嵌套框架集的效果

5.2.3 框架的基本操作

框架的基本操作主要包括：选取框架和框架集、保存框架和框架集、调整框架大小、拆分框架和删除框架等。

1．选取框架和框架集

要选取框架，只要用鼠标单击所要选择的框架中的某个位置，就能选择框架。

要选取框架集，则用鼠标单击页面窗口中的框架的边框，就可以完成框架集的选择了。

2．保存框架集和框架

要保存框架集，先单击框架集的边框，单击文件菜单，选择"保存框架页"，输入框架页的名称，单击保存就行，如图 5-14（a）所示。要保存框架，单击所要选择的框架中的某个位置，就能选择框架，单击文件菜单，选择"保存框架"，(菜单自动把"保存框架页"变为"保存框架"。)输入框架的名称，单击保存就行，如图 5-14（b）所示。

3．调整框架大小

要调整框架大小，就把鼠标放在需要调整框架的边框上，当鼠标指针变成左右箭头时，按住鼠标，拖动鼠标到要调整到达的位置释放鼠标就行。如果我们在操作时，找不到框架的边框，我们可以选择"查看"菜单中的"可视化助理"，选中"框架边框"选项，如图 5-15 所示。

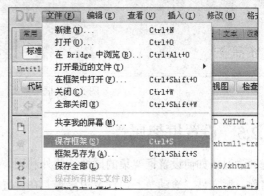

图 5-14（a）　保存框架集命令菜单　　　　图 5-14（b）　保存框架命令菜单

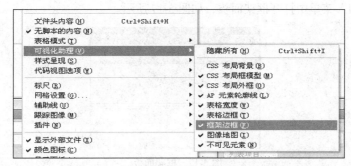

图 5-15　打开"可视化助理"显示框架边框

4．拆分、删除框架

如果要在已有框架中把框架拆分成几个框架，可以选择插入菜单中的"布局"工具栏，单击插入框架按钮 进行嵌套框架的插入，或把鼠标放到框架的外边框上，当鼠标指针变成左右箭头时，拖动鼠标到页面中的某个位置，释放鼠标，也可以完成对框架的拆分。还可以在已有的框架中，把鼠标放在框架的边框上，当鼠标指针变成左右箭头时，按住键盘上的"Alt"键，同时拖动鼠标到页面中的某个位置，释放鼠标，就可以完成对框架的拆分。若框架页面看起来太乱，可删除某些框架。要删除一个框架，可先单击该框架选中它，再选择"框架"菜单中的"删除框架"命令即可。或者把鼠标放到需要删除的框架的边框上，当鼠标指针变成左右箭头时，拖动鼠标到页面的上面或左面边缘，释放鼠标，也可以完成对框架的删除。

5.2.4　设置框架集属性

使用"属性面板"可以方便地设置框架集是否在浏览器中显示边框以及边框宽度和颜色、框架行和列的大小，对于初学者来说这种方法简单易用。下面来学习如何使用"属性面板"设置框架集属性。"属性面板"如图 5-16 所示。

选择要设置的框架集的边框，如上下框架集，则对上下两个框架的属性进行设置。"属性面板"中，"边框"选项可以设置为"是"（或"否"）在浏览器中显示框架集的边框；"边框宽度"文本框中可以直接输入框架集边框的宽度；单击"边框颜色"按钮，在弹出的色板中可以设置框架集的边框颜色；下面的"行"可以设置上下边框集窗口的大小。要选上面或者下面的框架，只需在

"属性面板"右边相应的框架视图中单击就行。

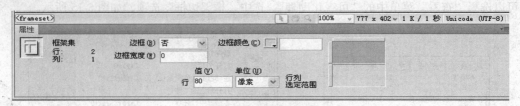

图 5-16　框架集属性设置面板

5.2.5　设置框架属性

上面学习了如何设置框架集的属性，此外利用"属性检查器"还可以设置框架的属性，包括框架名称、源文件、滚动条、边框及边界等。在设置好框架的整体布局后，我们还可以对每一框架的具体属性进行设置，具体操作步骤如下。

（1）在"窗口"菜单中打开框架面板，如图 5-17 所示。

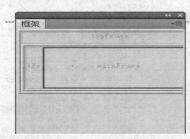

图 5-17　框架面板

单击需设置属性的框架，则"属性面板"就变成"框架属性"设置面板，如图 5-18 所示。

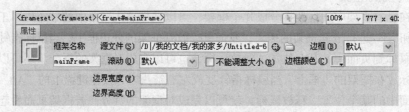

图 5-18　框架属性设置面板

（2）在属性面板中的"框架名称"文本框中可输入框架名，这样便于识别不同的框架；在"源文件"的文本框中，可以选择（检查）框架所对应的网页文件。

（3）通过在"滚动"下拉列表框中选择不同的描述项，可设置让滚动条是否出现或自动出现。

（4）勾选"不能调整大小"复选框，则我们在浏览站点时，不能重新定义框架尺寸。

（5）在"边框"选项中，选择是否在浏览器窗口显示边框，同时在"边框颜色"中可以打开色板选择边框的颜色。要显示边框则必须在"框架"属性面板中的"边框宽度"文本框中，输入以像素为单位的边框宽度，详见上一小节中的图 5-16。

（6）在"边界宽度"和"边界高度"文本框中输入数据，可设置内容页面与框架边框分隔的像素数值。

（7）关闭"框架"面板，完成框架属性设置。

5.3　嵌入式框架

嵌入式框架（标签为<iframe>）也是框架的一种形式。它与普通框架的区别在于，它可以嵌入在网页中的任意部分，比如可以在表格中插入嵌入式框架。正是由于这一特点，使得嵌入式框架广泛使用。

本节将结合具体实例学习如何创建嵌入式框架，以及设置嵌入式框架的属性。

首先，系统没有提供 iframe 的属性的设置对话框或设置面板，我们必须在代码编辑器中根据需要编辑代码。具体代码如：<iframe　name="xp" width=" 420" height="330" frameborder="0" scrolling="auto" src="URL"></iframe>。

下面对 iframe 中的代码作一个详细的介绍。

name="xp"　表示 iframe 的名字是 xp。

width 表示宽度，height 表示高度，可根据实际情况调整。

frameborder 表示是否在浏览器中显示边框，0 表示不显示，1 表示显示。

scrolling 表示是否显示页面滚动条，可选的参数为 auto、yes、no，如果省略这个参数，则默认为 auto。

这里的 URL 可以是相对路径，如我们设计的网站中的某个页面：xp1.html；也可以是绝对路径，如：http://www.chinanews.com/(中国新闻网)。

如何实现页面上的超链接指向这个嵌入的网页呢？只要给 iframe 命名，然后在网页超链接中进行设置就可以了。方法是<iframe name=**>，例如命名为 xp，写入这句 HTML 语言"<iframe width=420 height=330 name=aa frameborder=0 src=xp1.html></iframe>"，然后，网页上的超链接语句应该写为：< a href=xp2.html target=xp>，那么我们单击网页中的超链接时，就会在嵌入式框架中显示 xp2.html 的内容了。

应用嵌入式框架的网页效果如图 5-19 所示。

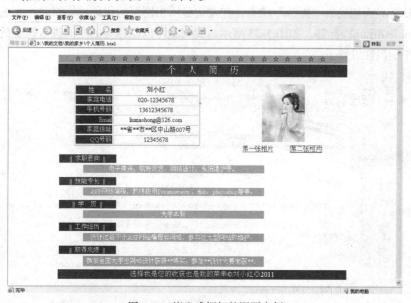

图 5-19　嵌入式框架的网页实例

　　单击相片下面的导航文字，上边的相片就会发生改变，这实际上是由两个页面组成的。下面就以该个人简历网页为例来学习嵌入式框架的使用。具体操作步骤如下。

　　（1）单击网页的相片处，把显示相片的单元格拆分成2行，第1行准备插入嵌入式框架，来显示相片；第2行准备做导航条，通过导航条能选择不同的相片在第一行的框架里显示。

　　（2）先做好两张相片网页以备选用，并命名为 xp1.html 和 xp2.html。各网页中只有一张120×160的相片，如图5-20所示，在 xp1.html 中插入图片"相片1"，在 xp2.html 中插入图片"相片2"。

　　（3）在第2行中输入文字"第一张相片"和"第二张相片"，如图5-21所示。

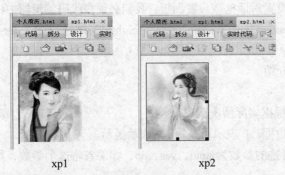

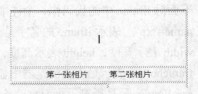

xp1　　　　　　　　　　xp2

图5-20　备用的相片网页 xp1 与 xp2

图5-21　显示相片单元格

　　（4）在第1行中插入一个嵌入式框架，单击插入栏菜单中的"布局"工具栏，单击 iframe 按钮，如图5-22所示。

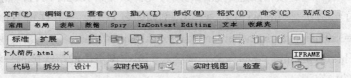

图5-22　iframe 快捷按钮

　　系统自动把界面切换成"拆分"状态，在左边显示出网页的代码编辑窗口，在编辑窗口中插入一对<iframe></iframe>标签，如图5-23所示。我们就可以在标签的中间键入需要的属性，完成对嵌入式框架的属性设置了。

图5-23　iframe 属性设置源代码

（5）根据刚才所演示的页面，我们首先对 iframe 标签进行设置，输入下面的代码：

`<iframe   name="xp" width=" 120" height="160" frameborder="0" scrolling="no" src="xp1.html"></iframe>`

输入代码时，用鼠标单击第一个 iframe 后面，空一格，再输入所需的代码。如果对代码不熟悉，在 iframe 后面打空格键，空一格时，系统会自动弹出一个属性代码的对话框，可以根据提示单击相应的代码就行了，如图 5-24 所示。

图 5-24　iframe 源代码编写或选取

其中，iframe 的命名为 xp；尺寸为宽 120 像素，高 160 像素，这个尺寸要根据所要显示的相片的大小而定，如果设置太小，相片就不能完全显示出来，则必须设置插入滚动条才行，因而不美观；不显示框架的边框且不插入滚动条；框架里显示的相片为 xp1.html 文件中的相片。

（6）输入代码后，单击右边的设计窗口，就会出现我们所要的框架窗口，如图 5-25 所示黑色的方框。

单击"保存"，打开预览一下，就出现我们需要的效果了，如图 5-26 所示。

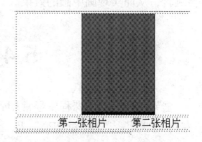

图 5-25　iframe　显示窗口

图 5-26　应用 iframe　窗口显示相片效果

（7）设置两张相片导航的超链接。选取"第一张相片"的文字，打开"属性面板"的"html"设置面板，在超链接的文本框中键入"相片 1.html"或者通过文本框右边的快捷按钮设置链接的网页文件，在"目标"文本框中键入"xp"，表示链接的网页在"xp"嵌入式框架窗口中显示，如图 5-27 所示。

图 5-27　超链接属性设置面板

如果没有在"目标"文本框中键入"xp"，则单击导航条的文字时，超链接会重新打开一个网页显示。第二张相片的超链接设置方法也一样，依照第一张是设置方法即可。

（8）单击"保存"，完成对嵌入式框架的插入和设置，预览网页，就会出现前面的效果了。

上面所讲的就是在网页中插入 iframe 的一个简单的例子。我们可以根据需要在网页的任何位置插入 iframe，链接到任何一个网页，也可以在 iframe 中播放视频等素材，而所浏览的主网页不会跳转，从而实现画中画的效果。

5.4　框架布局实例

框架结构是网络课程中经常用到的布局方式。网页的布局有"国字框架型"、"拐角框架型"、"左右框架型"、"上下框架型"及"综合框架型"等。

本节就来介绍框架结构网络课程的页面布局。完成后的网页效果如图 5-28 所示。

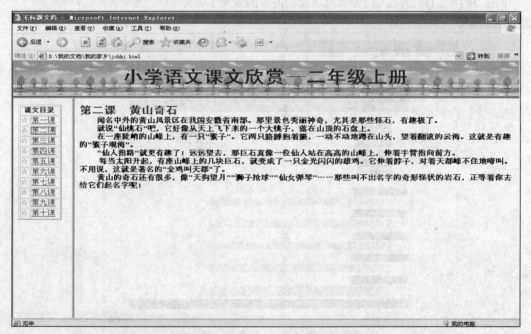

图 5-28　框架结构布局网页实例——"小学语文课文欣赏"网络课程网页

上面网络课程网页的框架结构创建具体步骤如下。

（1）打开 Dreamweaver CS5，单击新建文档，创建一个"上方固定，左侧嵌套"的框架结构，如图 5-29 所示。

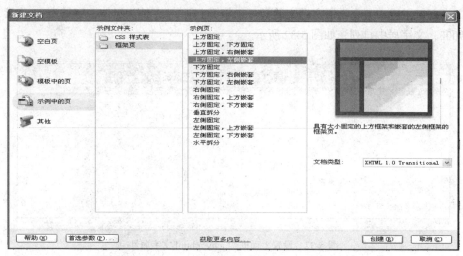

图 5-29　新建选取框架结构

（2）创建后，单击框架集的边框，保存框架集，命名为 jchkj.html；单击上面的框架，保存上面框架，命名为 jchym.html；单击左边的框架，保存左边的框架，命名为 jchdhl.html；单击右边的框架，保存右边的框架，命名为 jchnr.html。完成对这个框架集的保存，如图 5-30 所示。

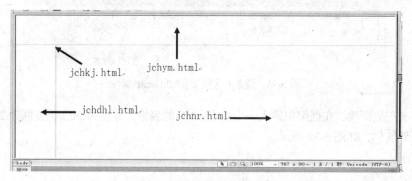

图 5-30　命名框架集中框架

（3）单击上面的框架，选择"属性面板"中的"页面属性"，在弹出的对话框中选择插入一张背景图片：6.1.jpg，排列选择重复，使图片能布满整个框架，如图 5-31 所示。

图 5-31　设置上面框架 jchym.html 背景图片

其余选项保持为默认即可，单击"确定"完成背景图片的插入。

（4）在框架里键入"小学语文课文欣赏—二年级上册"，字体为黑体，字号为40像素，颜色为蓝色#00F，文字居中排列，如图5-32所示。

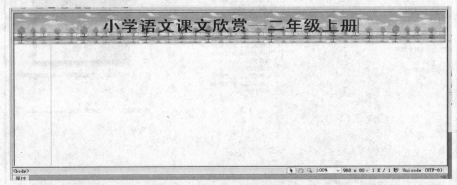

图5-32　设置上面框架 jchym.html 文字属性

（5）拖动左边框架右面的边框，把框架列的宽度设置为120像素，或者单击左边框架的边框后，在下面的"属性面板"中直接输入数值也可以，如图5-33所示。

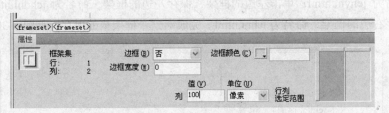

图5-33　设置左边框架 jchdhl.html 属性

（6）单击左边框架，在框架中插入一个11行2列的表格，宽度为90%，边框为2，准备作为课文内容的导航栏，如图5-34所示。

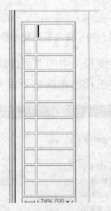

图5-34　左边框架插入 11×2 表格

（7）合并表格的第1行并输入"课文目录"，字体为宋体加粗，字号为14号，颜色为蓝色#00F，文字居中排列。在表格第1列的第2行开始到末尾一行都插入一个星号☆，字号为14号，颜色为黄色#FC0，第2列的各行分别键入"第一课、第二课……"，字体为宋体，字号为14号，颜色为黑色，如图5-35所示。

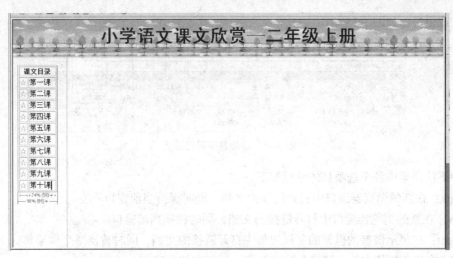

图 5-35　编辑表格文字与设置文字属性

（8）在右边框架中键入"请在左边课文目录中单击，选择课文欣赏。"并新建 10 页网页，分别键入第一课至第十课的内容，以不同的文件名命名，同时设计美化每一页网页，准备作为左边框架课文目录的超链接的目标网页文件，如图 5-36 所示。

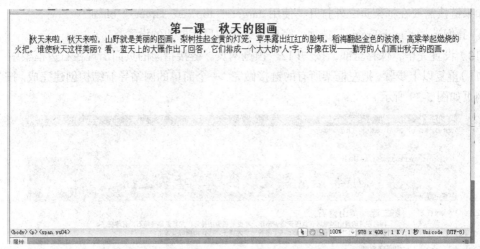

图 5-36　右边框架 jchnr.html 编辑文字并设置文字属性

（9）在左边框架中设置链接的目标框架，在框架页面中选择一个链接。

① 选中"第一课"的文字，打开"属性面板"中的"html"属性设置。

② 选择链接的网页文件的路径。我们选择已经创建好的网页文件 jchnr1.html，如图 5-37 所示。

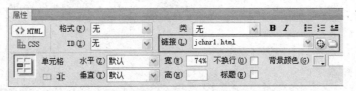

图 5-37　左边框架链接设置面板

③ 在属性设置面板链接右边的"目标"文本框中点击下拉菜单，选择链接的文档应在其中显

示的框架或窗口，如图 5-38 所示。

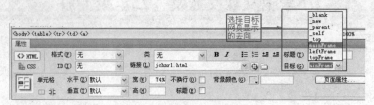

图 5-38　链接显示属性设置

其中下拉菜单中各个选项具体分析如下。

_blank：在新的浏览器窗口中打开链接的文档，同时保持当前窗口不变。

_new：在新的浏览器窗口中打开链接的文档，同时替换当前窗口。

_parent：在显示链接的框架的父框架集中打开链接的文档，同时替换整个框架集。

_self：在当前框架中打开链接，同时替换该框架中的内容。

_top：在当前浏览器窗口中打开链接的文档，同时替换所有框架。

mainFrame：在右边的框架里打开链接的网页，上面和左面框架不改变，整个框架集不改变。

leftFrame：在左边的框架中打开链接的网页，上面和右面框架不改变，整个框架集不改变。

TopFrame：在上面的框架中打开链接的网页，左面和右面框架不改变，整个框架集不改变。

如果链接需要在框架页之外打开，使用 target="_top" 或 target="_blank"。

④ 我们选择"mainFrame"选项，完成对链接的目标框架的设置。

（10）设置完毕，保存全部，按"F12"预览网页。链接指向的页面出现在右边框架中。

（11）重复以上步骤，把左框架所有的链接做完，一个简单的网站导航结构创建完成。按"F12"预览网页如图 5-39 所示。

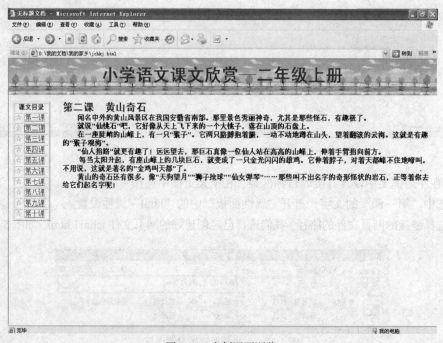

图 5-39　实例网页浏览

（12）查看和设置框架集属性并为框架集加上边框。

① 单击上下框架的边框或打开"框架"面板，在"框架"面板中单击环绕框架集的边框，选中框架集；还可以在属性面板上，选中框架区，然后修改框架集属性。在下面的"属性面板"中查看并设置框架的边框颜色和大小，在"边框"文本框中选"是"，"边框颜色"为红色，"边框宽度"为 3，如图 5-40 所示。

图 5-40　框架集边框属性设置——上下框架集

② 单击左右框架的边框，（使用与上一点讲述类似的方法选定、修改框架文件的属性）在下面的"属性面板"中查看并设置框架的边框颜色和大小，在"边框"文本框中选"是"，"边框颜色"为绿色，"边框宽度"为 2，如图 5-41 所示。

图 5-41　框架集边框属性设置——左右框架集

（13）单击文件菜单，选择保存全部，完成对框架集的创建和全部设置。按"F12"预览网页，如图 5-42 所示。

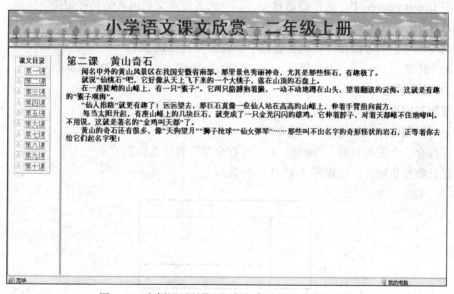

图 5-42　实例网页浏览——框架集边框属性设置效果

小　结

本章介绍了关于框架的基本知识，并结合具体实例讲解在 Dreamweaver CS5 中如何创建、使用框架，设置框架属性并利用框架进行布局。

作业与实验

一、填空题

框架由_____和_____两部分组成。其中，_____在文档中定义了框架的结构、数量、尺寸及装入框架的页面文件。

二、选择题

1. 一个有 n 个框架的框架页由（　　）个单独的 HTML 文档组成。

    A. n   B. n−1   C. n+1   D. n+2

2. 如何选择一个指定的框架？（　　）

    A. 通过框架面板

    B. 按 Alt 键的同时点击需要指定的框架空白部分

    C. 通过代码视图进行框架的选择

    D. 以上都可以

3. 表格是网页中的（　　），框架是由数个（　　）组成的。

    A. 元素，帧   B. 元素，元素   C. 帧，元素   D. 结构，帧

4. 在 Dreamweaver 中，框架是按照（　　）来进行排列的。

    A. 表格   B. 水平线   C. 对角线   D. 行与列

5. 在 Dreamweaver 中，通常是通过（　　）来实现对文档内容的精确定位。

    A. 表格   B. 分层   C. 框架   D. 图片

6. 利用（　　）可以在一个浏览窗口中合成多个 HTML 文档。

    A. 框架   B. 层   C. 表格   D. 布局视图

三、实验问答题

1. 框架和网页之间有什么关系？
2. 思考框架的作用和优点分别有哪些。
3. 在保存一个框架页时，"保存"和"保存全部"有什么区别？
4. 设计框架集网页，实现图 5-43 所示效果。

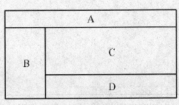

图 5-43　框架结构

5. 在第 4 题所示的框架集网页中，A 显示"一年四季 风光无限好"，B 显示"春、夏、秋、冬"的选择，根据选择，C 显示反映季节特点的图片，D 显示季节特点的文字说明。

第6章
AP Div

- 了解 AP Div 的基本概念
- 掌握 AP 层的创建和有关属性设置
- 掌握 AP 层的基本操作
- 掌握 AP 与时间轴配合使用的动画效果

6.1 AP 层的创建与属性

AP 层对象是 Absolutely Positioned Elements 的缩写，也即"绝对定位元素"，一般称为"层"。在 Dreamweaver CS5 中，系统使用 DIV 标记和 CSS 技术来实现 AP 层对象的效果，所以也称绝对定位的 DIV 标记。AP 层对象可以重叠、任意移动，可以设置为隐藏，得到比表格更多的效果。

6.1.1 创建 AP 层

在 Dreamweaver CS5 中，AP 层的创建可以通过插入 Div 标签或直接创建 AP 层来实现。

1. 插入 Div 标签

利用"布局"插入工具栏，我们可以轻松插入 Div 标签，如图 6-1 所示。

图 6-1 "布局"中插入 Div 标签

具体操作步骤如下。

（1）单击编辑窗口中需要插入 Div 标签的位置。

（2）单击"布局"插入工具栏中的"插入 Div 标签"按键。

（3）在弹出的对话框中设置 Div 标签的属性，单击"确定"按钮。

这样就能在鼠标光标闪烁的位置插入一个 Div 标签，我们就可以在标签中输入文字，插入图形图像等。

也可以在"插入"菜单中单击"插入"|"布局对象"|"Div 标签"，来插入 Div 标签，如图 6-2 所示。

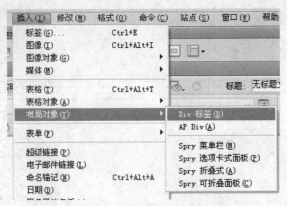

图 6-2　利用菜单插入 Div 标签

具体操作方法与上面利用"布局"工具栏插入标签的方法类同。

2. 直接创建 AP 层

与插入 Div 标签一样，我们可以利用"布局"插入工具栏，直接创建 AP 层，如图 6-3 所示。

图 6-3　"布局"工具栏创建 AP 层

创建的具体步骤如下。

（1）单击"布局"插入工具栏，单击绘制 AP Div 按钮。

（2）在编辑窗口中按住鼠标左键不放，根据所需大小拖动鼠标，出现一个蓝色矩形框。

（3）释放鼠标左键，矩形框就是一个 AP Div 层，我们就可以在层中放入文字、图片等信息资料。

（4）根据需要，设置 AP Div 层的属性。

我们也可以在"插入"菜单中单击"布局对象"，选择"AP Div"，系统自动插入一个默认形式的矩形 AP 层，如图 6-4 所示。

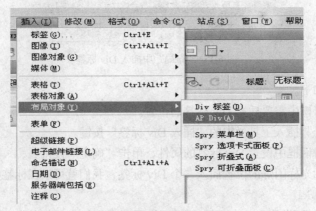

图 6-4　利用菜单插入 Div 层

3. 创建嵌套 AP 层

嵌套的含义：嵌套并不表示一个在另外一个里面显示，而是指一个 AP 元素的代码在另一个

AP 元素代码的内部。嵌套的 AP 元素会随着父 AP 元素的移动而移动，继承父 AP 元素的可见性。

　　AP 层对象元素的嵌套有 4 种方式。

　　（1）将光标置于 AP 元素内，然后菜单操作。

　　（2）单击编辑菜单中的"首选参数"，选择"分类"中的 AP.div 元素设置框，选中"在 AP.div 中创建以后嵌套"，打上"√"，如图 6-5 所示。

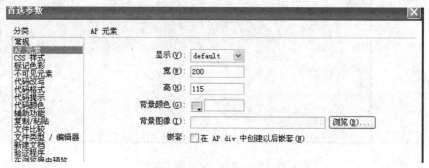

图 6-5　AP 层的参数设置

　　（3）在工具栏中单击"布局"选择并拖动"绘制 AP Div"到 AP 元素内，直接在 AP 元素中创建嵌套的 AP 元素。这是我们最常用，也是最直接的一种方法。

　　（4）使用 AP 元素面板。

　　4. 实例演示

　　（1）在编辑窗口中插入一个 AP Div 层。选择"布局"工具栏，单击"创建 AP Div"按键，创建一个 AP 层，设置 AP 层宽为 780 像素，高为 40 像素，背景颜色为#FFFF66，并键入文字"网页导航栏"，如图 6-6 所示。

图 6-6　创建 AP Div 层示例（步骤一）

　　（2）在左下方紧靠上面的 AP 层，同样插入一个 AP Div 层。AP 层宽为 100 像素，高为 300 像素，背景颜色为#FFCC00，并键入文字"选择需要的栏目"，如图 6-7 所示。

图 6-7　创建 AP Div 层示例（步骤二）

（3）在第 2 个 AP 层的右边紧靠着插入一个 AP 层。AP 层的宽为 680 像素，高为 300 像素，背景颜色为#33CCFF，并键入文字"显示内容"，如图 6-8 所示。

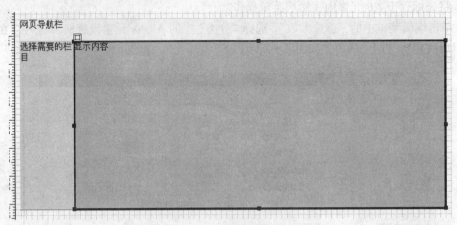

图 6-8　创建 AP Div 层示例（步骤三）

（4）单击第 3 个 AP 层，单击"布局"选择并拖动"绘制 AP Div"到 AP 元素内，直接在 AP 元素中创建嵌套的 AP 元素，嵌套 AP 层的宽为 180 像素，高为 120 像素，如图 6-9 所示。

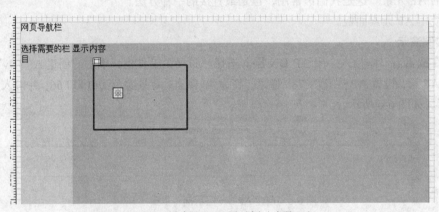

图 6-9　创建 AP Div 层示例（步骤四）

（5）在嵌套的 AP 层中插入一张 180×120 的图片，如图 6-10 所示。

图 6-10　创建 AP Div 层示例（步骤五）

（6）用同样的方法插入几个 AP 层，如图 6-11 所示。

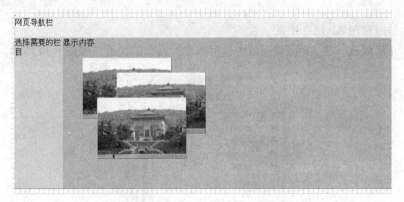

图 6-11　创建 AP Div 层示例（步骤六）

（7）在右边插入 3 个 AP 层，宽 50 像素，高 20 像素，背景颜色设置为#00FF00。分别键入"简介"、"特色"、"意见"等文字，如图 6-12 所示。

图 6-12　创建 AP Div 层示例（步骤七）

（8）保存，单击"F12"预览。

5. 嵌套关系

如图 6-13 所示，AP 层 1 和 AP 层 2 是一种平行的关系，它们不会由于其中某个 AP 层的移动而随之移动。而 AP 层 4 是嵌套在 AP 层 3 中的，它将随着父 AP 层 3 的移动而移动。

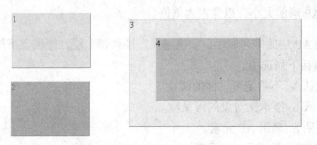

图 6-13　AP Div 层的嵌套关系

我们从代码视图窗口就能看到如下代码：

```
<div id="apDiv3">
```

```
<div id="apDiv4">4</div>
3
</div>
```

表示 AP 层 4 是嵌套在 AP 层 3 中的。

打开 AP 元素面板，在 AP 元素面板中也可以看到嵌套的关系，如图 6-14 所示。

图 6-14　AP 元素面板中的 AP Div 层嵌套关系

6.1.2　AP 层的属性

利用"属性检查器"对 AP 层属性进行设置，可以调整创建好的 AP 层，达到预期的网页布局效果。AP 层包括名称、位置、大小、Z 轴、可见性、背景、类、溢出、剪辑等基本属性，如图 6-15 所示。

图 6-15　AP 层的属性设置

下面对 AP 元素的属性栏的各项设置作详细的介绍。

（1）CSS-P 元素的基本属性设置。

：对 AP 层的命名，默认名称为 APDiv*，根据需要可以自己为 AP 层命名。

：设置 AP 层与浏览窗口左边和上边的距离，以像素为单位。

：设置 AP 层的大小，以像素为单位。

（2）Z 轴：设置 AP 层的排列顺序，数值越大，排列越上层，能覆盖下层的信息。

（3）可见性：包括下列选项。

　　default（默认）：不指定可见性的属性。

　　inherit（继承）：继承父对象的可见性。

　　visible（可见）：显示 AP 元素。

　　hidden（隐藏）：不显示 AP 元素。

（4）背景图片：需要插入背景图片可以在这里插入。

（5）背景颜色：设定 AP 元素的背景色。如果空白的话，可以指定透明的背景。

（6）类：用来指定控制 AP 元素的 CSS 类样式表。

（7）溢出：当 AP 元素的内容超过 AP 元素指定大小时出现。共 4 个选项。

visible（永远可视）：当 AP 元素的内容超出 AP 层指定的大小时，自动增大 AP 层，使层内的内容全部显示出来。

hidden（隐藏）：当 AP 元素的内容超出 AP 层指定的大小时，AP 层不会增大，溢出部分不会显示，只显示 AP 层指定大小中的内容。

scroll（显示滚动条）：不管当 AP 元素的内容有没有超出 AP 层指定的大小，都显示滚动条。

auto（自动显示滚动条）：根据 AP 层内容的多少，自动判断，当出现溢出时则显示滚动条；不会溢出时，不显示滚动条。

此外，AP 层元素也可以由 layer 标记来创建，则属性栏会有所不同。

两种代码如下：

```
<div id="apDiv3"></div>
<layer id="apDiv1"></layer>
```

（8）剪辑：对 AP 层进行剪辑，直接在左、右、上、下等的文本框中输入相应的数据。

6.2　AP 层的基本操作

上一节学习了 AP 层的创建及其属性，这一节介绍一下 AP 层的基本操作，包括 AP 层的激活与选择，插入内容，调整 AP 层的位置、大小、可见性、背景及层叠顺序对齐方式等。

6.2.1　AP 层的激活与选择

若要对层进行操作与编辑，首先得激活或选择 AP 层。激活 AP 层是为了编辑 AP 层内的内容，而选择 AP 层是为了对 AP 层的属性进行操作。

① 激活 AP 层。创建了一个 AP 层后，单击该层，如图 6-16 所示，AP 层就处于激活状态，为蓝色矩形框，可编辑 AP 层中的内容。

② 选择 AP 层。鼠标移到欲选择的 AP 层边缘，当鼠标变成✥的时候单击，如图 6-17 所示，即处于选择状态，蓝色矩形框出现 8 个控制柄，可以设置 AP 层的属性。

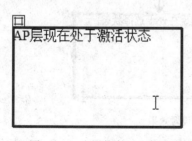

图 6-16　AP 层状态——激活

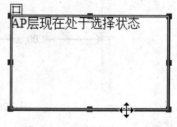

图 6-17　AP 层状态——选择

6.2.2　在 AP 层内插入内容

激活 AP 层之后，就可以在 AP 层内输入或从其他文件中复制粘贴相应的文本内容，也可单击"插入"工具栏"常用"类别中的各种按钮，插入图像、媒体、脚本等内容。

也可以再插入 AP 层或在 AP 层里面再嵌套 AP 层，如图 6-18 所示。

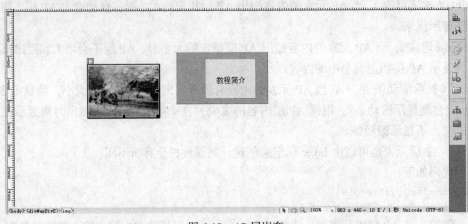

图 6-18　AP 层嵌套

6.2.3　调整 AP 层的位置

很多情况下 AP 层的创建位置不是期望的位置，这时可以通过以下操作，精确调整 AP 层的位置。具体操作步骤如下。

（1）将 AP 层选中，打开 AP 层元素属性检查器，如图 6-19 所示。

（2）通过在属性检查器的"左"、"上"输入参数，就可以精确定位 AP 层的位置。如图 6-19 所示，

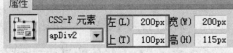

图 6-19　AP 层元素属性检查器

对"左"和"上"分别输入了 200px 和 100px 的参数，设置 AP 层的位置，表示 AP 层的左边框、上边框与浏览器窗口边缘的距离，其效果如图 6-20 所示。

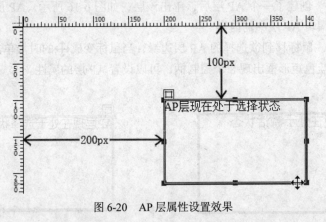

图 6-20　AP 层属性设置效果

6.2.4　调整 AP 层的大小

与 AP 层的位置一样，AP 层的大小有时也不理想，就要对其进行精确调整，调整步骤如下。

（1）将 AP 层选中打开 AP 层元素属性检查器，如图 6-21 所示。

（2）通过在属性检查器的"宽"、"高"输入参数，就可以精确设置 AP 层的大小，如图 6-21 所示，对"宽"和"高"分别输入了 200px 和 115px 的参数，其效果如图 6-22 所示。

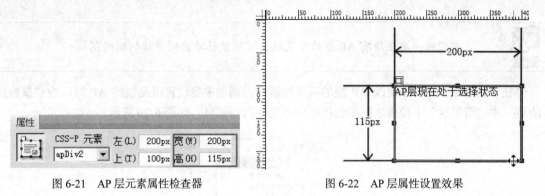

图 6-21 AP 层元素属性检查器　　　　　　图 6-22 AP 层属性设置效果

6.2.5 改变 AP 层的可见性

AP 层可见性的改变可通过"AP 元素"面板与"属性检查器"来实现。通过"AP 元素"面板改变 AP 层可见性的具体操作步骤如下。

（1）单击"窗口"，选择"AP 元素"，打开"AP 元素"面板，如图 6-23、图 6-24 所示。

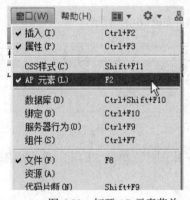

图 6-23 打开 AP 元素菜单

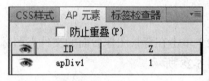

图 6-24 "AP 元素"面板

（2）用鼠标单击要更改 AP 层名称前面的眼睛图标即可改变 AP 层的可见性。闭上的眼睛图标表示 AP 层被隐藏，处于不可见状态；睁开的眼睛图标表示 AP 层被显示，处于可见状态；没有眼睛图标表示该 AP 层继承了其父 AP 层（即被嵌套 AP 层）的可见性属性，或默认状态为可见性属性，如图 6-25 所示。

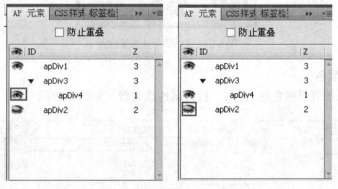

图 6-25 AP 层示例——睁眼与闭眼

注意　　若想统一更改所有 AP 层的可见性，可用鼠标单击列顶端的眼睛图标。

在"属性检查器"中更改 AP 层的可见性属性，则选中要设置可见性的 AP 层，在"属性检查器"中"可见性"下拉列表框中选择相应可见性选项即可，如图 6-26 所示。

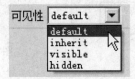

图 6-26　改变 AP 层可见性属性

6.2.6　设置 AP 层的背景

设置 AP 层的背景包括：插入背景图像和添加背景颜色。

1. 插入背景图像

（1）选中要插入背景图像的 AP 层，打开属性检查器，如图 6-27 所示。

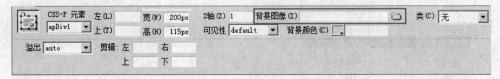

图 6-27　AP 层属性检查器

（2）单击在背景图像后面的文件夹图标 📁，选择一张图片，单击"确定"即完成添加，效果如图 6-28 所示。

图 6-28　AP 层背景图像设置

2. 添加背景颜色

（1）选中要添加背景颜色的 AP 层，打开属性检查器，如图 6-29 所示。

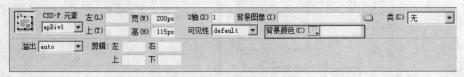

图 6-29　AP 层背景颜色设置

（2）如图 6-30 所示，单击背景颜色后面的 ▢，选择一个颜色。

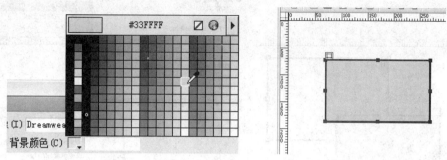

图 6-30　颜色设置框与效果图

6.2.7　改变 AP 层的层叠顺序

使用"AP 元素"面板或使用"属性检查器"都可以改变 AP 层的层叠顺序。具体操作步骤如下。

（1）创建两个 AP 层，我们可以对其设置不同的背景颜色，使之效果更加明显。

（2）分别选中两个 AP 层，打开属性检查器，属性检查器设置 Z 轴参数，如图 6-31 所示，假设 AP 层 1 设置为 1，AP 层 2 设置为 2。

跟上节所介绍的一样，Z 轴的数值越大，这个 AP 层就处在越上层。在 IE 中预览，得到的效果图如图 6-32 所示。

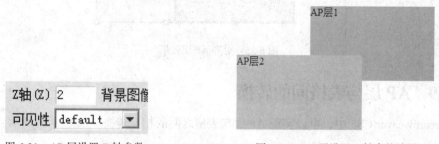

图 6-31　AP 层设置 Z 轴参数　　　　　图 6-32　AP 层设置 Z 轴参数效果

由图可以看出，Z 轴设置为 2 的 AP 层 2 在 Z 轴设置为 1 的 AP 层 1 的前面，所以，Z 轴参数越大，叠放的顺序越前；越小，叠放的顺序越后，读者可以自己尝试下多创建几个 AP 层，对 Z 轴设置不同的参数。

6.2.8　对齐 AP 层

当有多个 AP 层时，可以对它们进行对齐操作，包括左对齐、右对齐、上对齐与对齐下缘，以最后一个选定 AP 层的边框位置为标准对齐。

具体操作步骤如下。

（1）选中创建好的多个 AP 层，可以按住 shift 键，用鼠标逐一选择，效果如图 6-33 所示。

（2）单击"修改"菜单，选择"排列顺序"中的"对齐下缘"命令菜单，如图 6-34 所示，将所有选中的 AP 层以最后选中的 AP 层的下边框为标准对齐。

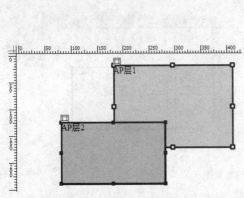

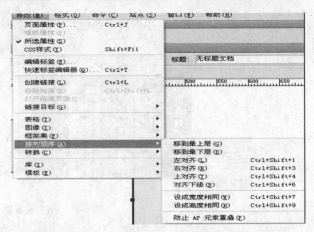

图 6-33　对齐 AP 层步骤一（选择多个 AP 层）　　　图 6-34　对齐 AP 层步骤——（对齐方式菜单选择）

最终效果如图 6-35 所示。其他对齐操作与其类似，就不再重复讲解。

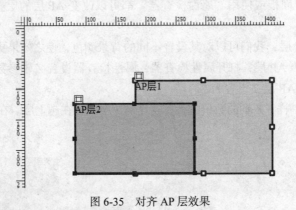

图 6-35　对齐 AP 层效果

6.2.9　AP 层与表格间的转换

在 Dreamweaver CS5 中，可以实现 AP 层与表格之间的相互转换。如图 6-36 所示，把 AP 层转换成表格。

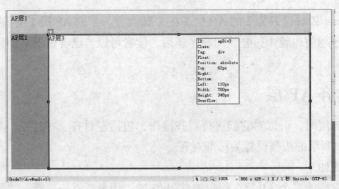

图 6-36　AP 层转换成表格

具体操作步骤如下。

（1）单击"修改"菜单，选择"转换"，单击"将 AP Div 转换为表格"命令菜单，如图 6-37

所示。

（2）在弹出的对话框中作相关的设置，如图 6-38 所示。

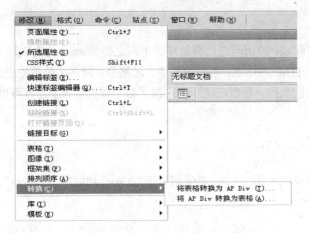
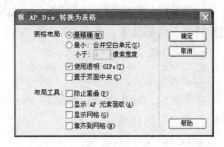

图 6-37　AP 层转换成表格菜单选择　　　　　　　　图 6-38　AP 层转换成表格对话框

（3）设置完成后，按"确定"，即将 AP 层转换为表格，效果如图 6-39 所示。反之，单击"将表格转换为 AP Div"，可以将表格转换为 AP 层。

图 6-39　AP 层转换成表格效果

把 AP 层转换成表格时，要求"AP 元素"面板中的"防止重叠"处于选中状态，如图 6-40 所示。

图 6-40　AP 层转换成表格注意要点——"防止重叠"

115

我们还可以结合表格使用 AP 层进行布局，充分运用表格和 AP 层的功能特点进行互补，达到布局的最好效果。

6.2.10　AP 层标签的特点

AP 层有两种标签：div 与 span。span 和 div 的相同之处都是块；不同之处为 span 是内联块，就是可以横向排列的，用在一小块的内联 HTML 中，div 不是内联块，元素是块级的（简单地说，它等同于其前后有断行），用于组合一大块的代码，只要定义了就占据了整个横向区域。二者可以相互转换。代码如下：

```
<div id="scissors">
<p>This is <span class="paper">crazy</span></p>
</div>
```

在实践中，div 与 span，特别是 span 不应该滥用。比如，要强调单词"crazy"和加粗类"paper"，可能会用这样的代码：

```
<div id="scissors">
<p>This is <strong class="paper">crazy</strong></p>
</div>
```

这样的做法比再加一个 span 更好。

6.3　AP 层的常见布局及综合实例

在本章开篇的时候曾提到，AP 层是一种页面布局容器，在了解了 AP 层的基本属性及操作之后，本节为大家介绍一下如何使用 AP 层来为页面布局。

6.3.1　AP 层常见布局形式

首先来了解几种常见的 AP 层布局形式，主要包括多行单列、单行多列、多行多列以及综合形式等。

（1）多行单列。如图 6-41 所示。

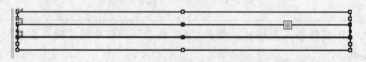

图 6-41　AP 层的多行单列情况

（2）单行多列。如图 6-42 所示。

（3）多行多列。如图 6-43 所示。

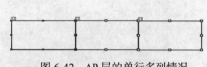

图 6-42　AP 层的单行多列情况

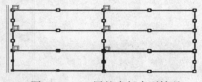

图 6-43　AP 层的多行多列情况

（4）综合形式。如图 6-44 所示。

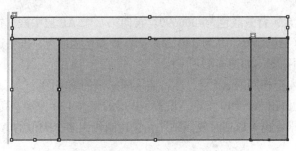

图 6-44　AP 层的综合形式

6.3.2　AP 层综合布局实例

在了解了常见 AP 层布局形式之后，我们结合世博会网站"国家馆预览"的页面来学习如何使用 AP 层为网页页面搭建综合布局框架。

如图 6-45 所示，页面有一个整体背景，顶部为网页标题区域；中间部分为各个国家馆图片展示区域，分为内外嵌套格式；下面部分是各个国家馆缩略图区域，在此可以通过点击预览图片选择各个国家馆的图片演示。

图 6-45　AP 层综合布局示例——国家馆预览

此网页制作的方法如下。

（1）利用 AP Div 元素页面布局。具体步骤如下。

① 将光标放在文档插入点，在"布局"面板中单击"绘制 AP Div"按钮。

② 在文档窗口中拖动画出 AP Div 元素，设置 AP 层的宽为 260 像素，高为 50 像素，背景颜色为 #66FF66。在 AP 层中键入文字"国家馆预览"，如图 6-46 所示。

③ 重复上面的操作，插入第 2 个 AP 层，宽为

图 6-46　AP 层综合示例——键入文字

480 像素，高为 320 像素，背景颜色为#006699。再向第 2 个 AP 层中嵌套插入第 3 个 AP 层，命名为 "guankan"，宽为 320 像素，高为 240 像素，背景颜色为白色，准备通过 AP 层的隐藏和可见功能显示国家馆的预览图，如图 6-47 所示。

④ 在最下面插入 4 个相同的 AP 层，准备插入国家馆的缩略图。

在文档窗口中拖动画出 AP Div 元素，设置 AP 层的宽为 120 像素，高为 90 像素，按住 Ctrl 可画出多个 AP Div 元素。也可以通过复制粘贴，快速制作出多个类似的 AP Div 元素，如图 6-48 所示。

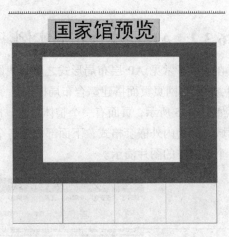

图 6-47　AP 层综合示例——第 2 个 AP 层设置　　　图 6-48　AP 层综合示例——多个 AP 层设置

⑤ 为元素命名并调整好各元素的位置。可以通过单击"修改"菜单，选择"排列顺序"调整位置，如图 6-49 所示。

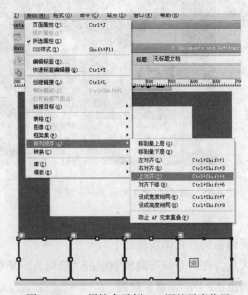

图 6-49　AP 层综合示例——调整元素位置

⑥ 给每个 AP Div 元素中添加相应的文字和图片，如图 6-50 所示。

图 6-50 AP 层综合示例——为各个元素添加文字和图片

（2）添加 AP Div 元素 "haibao"，如图 6-51 所示。具体操作步骤如下。

① 添加 AP Div 元素 "haibao"，与上面所述的相同。

② 加入 "海宝" 图片。

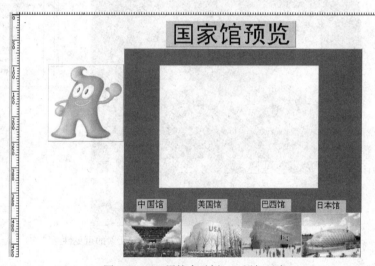

图 6-51 AP 层综合示例——添加元素

（3）实现 AP 层与行为结合的交互效果。

通过点击下面的缩略图，在上面的嵌套 AP 层的子层中显示相应的国家馆预览图，实现交互效果。AP Div 元素属性的一个重要功能就是显示/隐藏功能，与 "行为" 中显示/隐藏元素结合并利用光标的 OnMouseOver 和 OnMouseOut 事件制作出交互效果。具体操作步骤如下。

① 在嵌套 AP 层的子层中插入 4 个 AP Div 元素并命名，在其中加入对应的 4 张大图片，如图 6-52 所示。

② 同时选中新加入的 4 个元素和原来的嵌套子层元素 "guankan"，通过修改菜单调整使它们的位置相同。

③ 在 AP 元素面板中把 "guankan" 元素拖到 4 个元素的上面，达到挡板的作用。

④ 设置 AP Div 元素的可见性让 4 个大图片先隐藏，如图 6-53 所示。

图 6-52　AP 层综合示例——添加多个元素

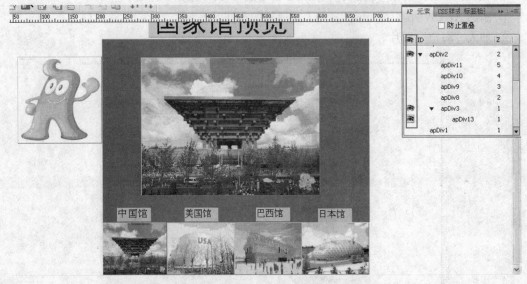

图 6-53　AP 层综合示例——设置 AP Div 元素的可见性

⑤ 通过单击"窗口"菜单，选择"行为"命令，调出行为面板，单击"+"，显示/隐藏元素，选中"中国馆"元素单击"显示" | "确定"；并把行为的触发条件改为"onMouseOver"；实现光标放在中国馆的小图像上，在框内出现中国馆的大图片的效果，如图 6-54 所示。

图 6-54　AP 层综合示例——行为设置

⑥ 通过菜单"窗口"调出行为面板，选中"zgt"，单击"+"，显示/隐藏元素，选中"中国馆"单击"隐藏"|"确定"；并把行为的触发条件改为"onMouseOut"，实现光标离开中国馆的小图像，在框内中国馆的大图片消失的效果。

（4）使用同样方法，做出其他展馆。

小　　结

AP Div 是进行网页布局的常用方法。本章介绍了关于 AP Div 的基本知识，并结合实例对 AP Div 的创建和属性的修改作了讲解。

作业与实验

一、选择题

1. 按住（　　）键不放，就可以同时编辑多个图层。

    A. Shift   B. Shift+Alt   C. Shift+Ctrl   D. Ctrl+Alt

2. 利用图层不能制作的是（　　）。

    A. 可拖动的图片   B. 相对浏览器静止的文字或图片

    C. 在页面上漂浮的图片   D. 计时器

3. 可通过（　　）调整图层的大小。

    A. 手工调整   B. 属性面板   C. 控制面板   D. 以上都对

4. 一个 AP Div 被隐藏了，如果需要显示其子 AP Div，需要将子 AP Div 的可见性设置为（　　）。

    A. default   B. inherit   C. visible   D. hidden

二、问答题

1. 什么是 AP Div？AP Div 的主要应用有哪些？

2. AP Div 和 Div 标签有什么异同？

3. 实验题：使用本章所学的 AP Div 知识，制作一个浮动广告。

- 了解表单的作用
- 掌握表单常见控件的特点、创建和属性设置
- 了解表单中域的含义；熟练掌握各种表单栏目的插入与设置

7.1 表 单 概 述

表单是用来收集站点访问者信息的域集，可实现网页与浏览者间的交互，达到收集浏览者输入信息的目的。

表单是浏览网页的用户与网站管理者进行交互的主要窗口，Web 管理者和用户之间可以通过表单进行信息交流。表单内有多种可以与用户进行交互的表单元素，如文本框、单选框、复选框及提交按钮等。下面是几个表单应用的例子，邮箱用户注册表单如图 7-1 所示，搜索引擎表单如图 7-2 所示。

图 7-1 邮箱用户注册表单

图 7-2 搜索引擎表单

通常情况下，表单应和后台处理程序相结合，常见后台处理程序有 CGI（Common Gate way Interface）、JSP（Javaserver Page）和 ASP（Active Server Page）等。下面以 ASP 为例，说明表单如何结合后台处理程序进行信息处理，关于更进一步的后台程序的相关知识不在本书范围之内，有兴趣的读者可自行学习动态网页设计的相关知识。

如图 7-3 所示，表单中的按钮"完成注册"是表单的提交按钮，表单提交后跳转到 reg.asp 页面(ASP 文件名的网页是一种动态网页)，reg.asp 页面中通过 request("name")获得用户账号的文本区域(该文本区域命名为"name")的内容并显示出来。

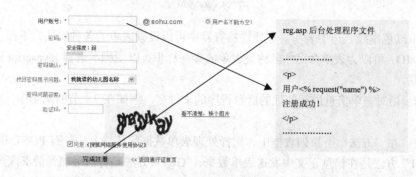

图 7-3　表单的后台处理

7.2　表单元素

简单地说，表单就是用户可以在网页中填写信息的表格，其作用是接收用户信息并将其提交给 Web 服务器上特定的程序进行处理。表单域，也称表单控件，是表单上的基本组成元素，用户通过表单中的表单域输入信息或选择项目。在建立表单网页之前，首先就要建立一个表单域。

在 7.1 节中详细介绍了表单的基本概念，使用 Dreamweaver CS5 可以创建各种表单元素，如文本框、滚动文本框、单选框、复选框、按钮及下拉菜单等。在"插入"工具栏的"表单"类别中列出了所有表单元素，如图 7-4 所示。

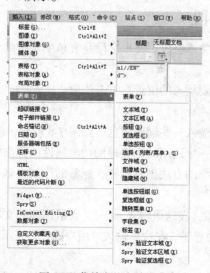

图 7-4　菜单中的表单元素

7.2.1　插入表单

插入表单的操作步骤如下。

（1）将光标放在"编辑区"中要插入表单的位置，然后在"插入"工具栏的"表单"类别中，单击"表单"按钮。此时一个红色的虚线框出现在页面中，表示一个空表单，如图 7-5 所示。

图 7-5　空表单

（2）单击红色虚线，选中表单。在属性检查器中可以设置表单的各种属性，下面一一说明。

① 表单 ID：可以为表单命名，名称是表单的唯一标识，以便脚本语言 Javascript 通过名称对表单进行控制。

② 动作：指对表单信息进行处理的后台程序的文件名。例如在 7.1 节的例子中，这里应该填写：reg.asp。

③ 方法：在"方法"下拉列表框中，选择处理表单数据的传输方法，有 POST 和 GET 可供选择。"POST"方法是在信息正文中发送表单数据，"GET"方法是将值附加到请求该页面的 URL 中。Get 方法只适合在比较小的信息量时使用，并且 Get 方法在传送数据时不安全，所以，通常情况下都使用 Post 方法。

④ 目标：选择服务器返回反馈数据的显示方式，这里选择"_blank"，即在新窗口打开。

⑤ 编码类型：指定提交服务器处理数据所使用编码类型。默认设置为"application/x-www-form-urlencoded"，与 POST 方法一起使用，如图 7-6 所示。

⑥ 类：用于设置类选择器的 CSS 样式，CSS 样式内容将在第 8 章中详细讲解。这里主要介绍使用属性检查器设置表单的基本操作。

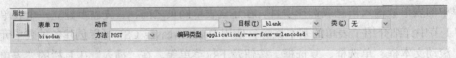

图 7-6　表单的属性检查器

7.2.2　插入文本字段

本小节学习在表单中插入文本字段。文本字段是表单中常用的元素之一，主要用于进行文本的输入。

首先将鼠标停留在表单中要插入的位置，单击菜单"插入" | "表单" | "文本区域"，如图 7-7 所示。

然后在弹出的窗口中可以输入一些辅助信息，如图 7-8 所示，就可以插入一个文本区域。

图 7-8 所示的弹出窗口是一个通用的标签辅助功能属性的弹出窗口，可以为控件创建标签，也可以通过后面 7.2.11 小节介绍的方法创建标签，标签的作用也将在 7.2.11 小节中介绍。弹出窗口的各个属性介绍如下。

① ID：是控件的唯一标识，在这里输入 name，表示创建的文本框的 id 为 name。

② 标签：为控件创建一个标签，在这里输入"用户账户"表示为文本框创建一个标签，标签文本为"用户账户:"。

③ 样式：标识标签以何种方式附加到文本框，如果选择第一项或者第二项，那么当单击标签

时，鼠标会自动跳到关联的控件（在这里是文本框）中，如选择无标签标记，则标签只是起到一个标识作用。

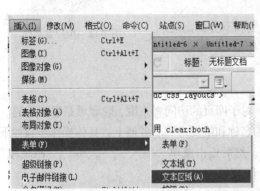

图 7-7　插入文本区域菜单

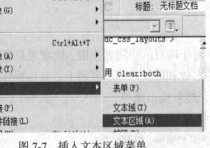

图 7-8　标签辅助信息输入

④ 位置：表示标签是显示在控件的前方还是后方。

⑤ 访问键：为控件创建快捷键，创建快捷键之后，通过在键盘上按下对应的键可直接将鼠标跳到该控件上。快捷键通常应和 Ctrl、Alt 或 Shift 结合以免冲突。

⑥ Tab 键索引：表示该控件在按下键盘的 Tab 键时的顺序。通常将所有控件按照从上到下、从左到右的顺序排列 Tab 键的索引值。

这里如不想创建标签可以单击"取消"按钮，不会影响文本框的创建。该窗口也适合于创建其他控件，在创建其他控件时不再赘述。

通过上面步骤创建的文本框如图 7-9 所示，对应的代码如图 7-10 所示。

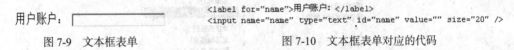

图 7-9　文本框表单　　　　　　　　　　图 7-10　文本框表单对应的代码

选中文本框，可以对文本框的属性进行编辑，属性窗口如图 7-11 所示。

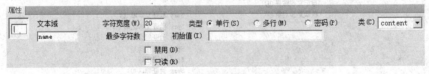

图 7-11　文本框的属性设置

各个属性意义如下。

① 文本域：为文本框命名，通过后台处理程序通过该名称可获得输入的值。

② 字符宽度：设置文本框的宽度。

③ 最多字符数：设置文本框最多可输入的字符，不填写表示不限制。

④ 初始值：设置文本框初始时的值。

⑤ 类型：设置文本框的类型。主要包括单行文本字段、密码文本字段、多行文本区域 3 种。

● 单行文本字段与密码文本字段

网页中最常见的单行文本字段与密码文本字段就要属用户登录框了，如图 7-12 所示。"用户名"一项应用的就是单行文本字段，"密码"一项应用的就是密码文本字段。

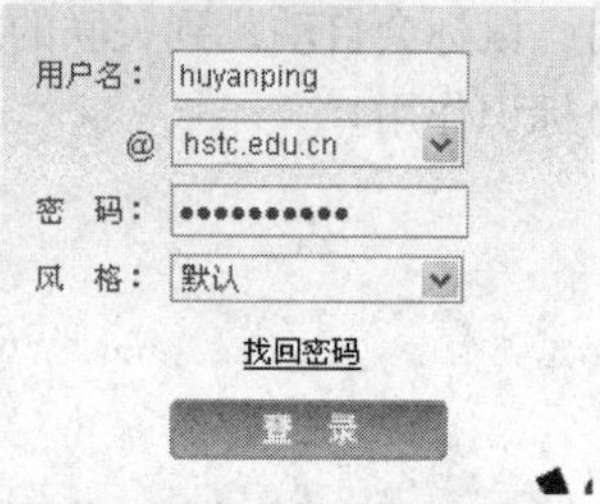

单行文本框只有一行栏位可供填写，我们可以通过设定来决定栏位中最多可以输入多少字。

● 多行文本区域

有时需要输入多行文字，而且在文字框的右侧和下方都出现滚动条，可以使用多行文本。

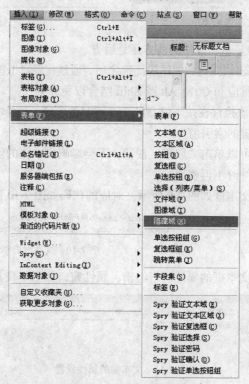

图 7-12 用户登录框

7.2.3 插入隐藏域

隐藏域是用来收集或发送信息的不可见元素，对于网页的访问者来说，隐藏域是看不见的。当表单被提交时，隐藏域就会将信息用设置时定义的名称和值发送到服务器上。具体操作步骤如下。

（1）将光标放在表单中要插入隐藏域的位置，然后点击菜单"插入" | "表单" | "隐藏域"，如图 7-13 所示。此时，在"编辑区"中插入一个隐藏域。

图 7-13 隐藏域表单菜单

（2）设置隐藏域属性。选中"隐藏域"标识，在属性检查器中，在"隐藏区域"文本框中输入隐藏域的名称，"值"文本框中给出隐藏域赋值，如图 7-14 所示。

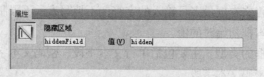

图 7-14 隐藏域属性设置

7.2.4 插入单选按钮

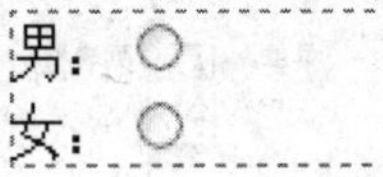

单选按钮是在一组选项中只允许选择其中一个选择项。例如性别（男、女），文化程度（小学、中学、大学、研究生）等的选项。单选按钮有标题和圆型按钮。使用单选按钮的表单如图 7-15 所示。

单选按钮就像单选题，浏览者只能在提供的各种选项中选择一种。单选按钮应用十分广泛。下面我们以建立性别栏为例，说明如何建立单选按钮。

图 7-15 单选按钮表单示例

将光标放在表单中要插入的位置，然后点击菜单"插入"|"表单"|"单选按钮"，在弹出的标签辅助对话框中输入 id 为 male，标签为"男："，就可以插入一个单选按钮"男："。同样的方法可以创建一个单选按钮"女："。

创建后选中单选按钮，相应的属性对话框如图 7-16 所示。

图 7-16 单选按钮属性设置

① 单选按钮：标识该按钮的分组名称，后台程序通过该属性得到该组单选按钮的值，当有多个单选分组时，相同的"单选按钮"的值为同一组。例如，在同一个页面上，既有性别的单选按钮"男"和"女"，又有婚姻状况的单选按钮"已婚"和"未婚"，那么应该将"男"和"女"的该属性的值设置为相同的值如"sex"，将"已婚"和"未婚"的值设置为"marriage"，以达到分组的目的。

② 选定值：标识选定了该按钮时的值，该值将传送到后台处理程序，以便处理程序获取用户的选择值。

③ 初始状态：表示按钮的初始状态。

7.2.5 插入复选框

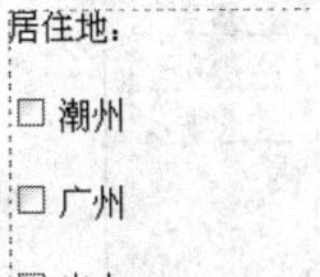

复选框是在一组选项中，允许用户选中其中的多个选项。复选框是一种允许用户选择对勾（√）的小方框，用户选中某一项，与其对应的小方框就会出现一个对勾。再单击鼠标，小对勾将消失，表示此项已被取消。

使用复选框的表单效果如图 7-17 所示。复选框可以同时选取一至多个选项，设置方法与单选按钮类似。单击"插入"面板中的"复选框"

图 7-17 复选框表单例子

标签，可以插入一个复选框。

7.2.6 插入列表/菜单

列表和菜单也是表单中常用的元素之一，它可以显示多个选项，用户通过滚动条在多个选项中选择。下面是一个简单的菜单与列表框的例子，如图 7-18 所示。

下拉列表可以显示选项列表，既为用户提供方便，又便于对内容进行管理。

将光标放在表单中要插入的位置，然后点击菜单"插入"|"表单"|"选择（列表/菜单）"，

可以插入一个列表，插入后选中该列表，对应的属性对话框如图 7-19 所示。

图 7-18　菜单和列表框表单例子

图 7-19　菜单表单属性设置

① 选择：列表的名称，后台程序通过该属性获得列表选择的值。

② 类型：该列表的外观显示类型，菜单型为下拉菜单，如图 7-18 中的"菜单"；列表型为列表形式，如图 7-18 中的"列表框"。

③ 初始化时选定：列表初始化时选中的值。

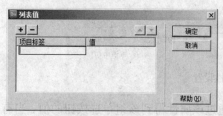

图 7-20　列表值设置

④ 列表值：单击"列表值"按钮，弹出如图 7-20 所示的对话框。单击左上角的 + 按钮可添加一个供选择的项目，项目有"项目标签"和"值"两个属性，项目标签是显示出来的内容，而值是实际传送给后台处理程序的内容。如要删除列表中的项目，可以先选中项目，再单击左上角的 − 按钮，最后单击"确定"按钮，返回网页编辑窗口，完成下拉列表的设置。

7.2.7　插入跳转菜单

跳转菜单实际上是一种下拉菜单，和菜单型的列表类似，只是多了站点导航的功能，即单击某个选项，即可跳转到相应的网页上，从而实现导航的目的，如图 7-21 所示。

将光标放在表单中要插入的位置，然后选择菜单"插入"|"表单"|"跳转菜单"，弹出如图 7-22 所示的对话框。单击左上角的 + 按钮可添加一个导航项目，选中一个项目后可对该项目的文本和对应的跳转 URL（网址）进行设置。

图 7-21　跳转菜单表单示例

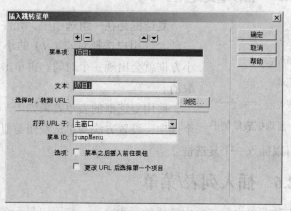

图 7-22　跳转菜单表单属性设置

7.2.8　插入图像域

Dreamweaver CS5 表单中的图像域功能可以在表单中插入图像，使图像也能作为按钮使用。

如图 7-23 所示是一个应用图像域的表单。表单中的每个图像也是一个按钮，用户单击图像时，表单就会提交。也可以为图像域添加其他行为事件。

图 7-23 图像域表单示例

将光标放在表单中要插入的位置，然后点击菜单"插入" | "表单" | "图像域"，在弹出的对话框中选择一张图片，就可以插入一个图片域。

7.2.9 插入文件域

在表单中，经常会出现文件域。文件域能使一个文件附加到正被提交的表单中，比如表单中的上传照片或图片，邮件中添加附件就是使用了文件域，如图 7-24 所示。

图 7-24 文件域表单示例

将光标放在表单中要插入的位置，然后点击菜单"插入" | "表单" | "文件域"，可以插入一个文件域，文件域的设置较为简单，可设置名称及文本部分的宽度和最长字符数，和文本框的设置类似。单击文件域的"浏览"按钮后，会弹出选择文件的对话框，选择文件后，文件的路径就显示在文本部分，并且路径的值同时也作为文件域的值传送给后台处理程序。

7.2.10 插入按钮

在表单中，按钮用来控制表单的操作。使用按钮可以将表单数据传送给服务器，或者重新设置表单中的内容。在 Dreamweaver CS5 中，将光标放在表单中要插入的位置，然后点击菜单"插入" | "表单" | "按钮"，可以插入一个按钮。插入后选中该按钮，对应的属性对话框如图 7-25 所示。

图 7-25 按钮的属性设置

对话框中各属性如下。

① 按钮名称：为按钮命名。

② 值：是显示在按钮上的文本。

③ 动作：是按钮对应的动作，分为 3 类：递交按钮、重置按钮和普通按钮。应用 3 种按钮的表单如图 7-26 所示。

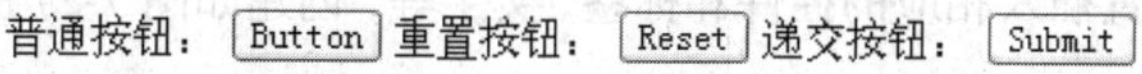

普通按钮：　Button　重置按钮：　Reset　递交按钮：　Submit

图 7-26 3 种按钮表单

这 3 种按钮有各自的作用。

● 递交按钮：把表单中的所有内容发送到服务器端的指定应用程序。

● 重置按钮：用户在填写表单的过程中，若希望重新填写，单击该按钮使全部表单元素的值还原为初始值。

● 普通按钮：该按钮没有内在行为，但可以由用户指定相对应的脚本语言程序为其指定动作。

7.2.11　插入标签

标签（<label>）主要是为表单组件增加可访问性设计的，当用户单击 label 控件时，label 控件会将焦点设置到对应的表单元素。在前面的每个控件的创建中，都会弹出如图 7-8 所示的对话框。可以为控件创建相关联的标签，也可以将光标放在表单中要插入的位置，然后点击菜单"插入"|"表单"|"标签"来创建标签。

当为控件创建了关联的标签后，单击相应的标签相当于单击了其关联的控件，如图 7-15 的单选按钮，如果"男"和"女"两个标签不和对应的单选按钮相关联，而只是一个普通标签，那么单击"男"和"女"这两个文字时，单选按钮不会选中，而需要单击圆点本身才会选中。所以，适当的关联标签可以提高网页的可操作性。

7.3　用户注册表单实例

在许多网站上都可以看到"用户注册"页面，要求用户填写。下面综合运用表单的各种元素来学习制作用户注册表单，表单最终效果如图 7-27 所示。具体操作步骤如下。

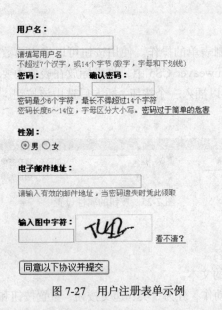

图 7-27　用户注册表单示例

（1）建立表单。

首先，在需要的位置插入相应的控件和标签、文字等，创建如图 7-27 所示的相应的页面效果。代码如图 7-28 所示。

```
<form id="form1" name="form1" method="post" action="">
  <p>用户名: <br />
  <input name="name" type="text" id="name" value="" size="20" />
  </p>

  <p>密码:          确认密码: <br />
  <input name="password" type="text" id="password" value="" size="20" />
  <input name="password2" type="text" id="password2" value="" size="20" />
  </p>

  <p>性别: <br />
  <input type="radio" name="radio" id="male" value="male" />
  <label for="male">男</label>
  <input type="radio" name="radio" id="female" value="female" />
  <label for="female">女</label>
  </p>

  <p>电子邮箱地址: <br />
  <input name="email" type="text" id="email" value="" size="30" />
  <br />
请输入有效的邮件地址,当密码遗失时凭此领取</p>

  <p>输入图中字符: <br />
  <label for="code"></label>
  <input name="code" type="text" id="code" value="" size="20" maxlength="4" />
  <input type="image" name="imageField" id="imageField" src="" />
  <a href="#">看不清</a> </p>
  <p>

  <input type="submit" name="submit" id="submit" value="同意以下协议并提交" />
  </p>
  <p> </p>
</form>
```

图 7-28　用户注册表单的代码

（2）设置动作。

建立表单后，为表单设置动作，也就是为表单设置后台处理程序，在此设置为 reg.asp，如图 7-29 所示。

图 7-29　设置表单的后台处理程序

（3）输入合法性检查。

必要时，可以为表单设置输入合法性检查程序，如图 7-30 所示，设置了名为 CheckInput 的程序作为检查输入合法性的程序。对于程序本身，涉及较多的专业知识，在此就不进行讲解了，有兴趣的同学可自行学习动态网页设计的相关知识。

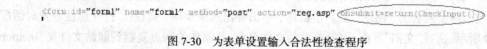

图 7-30　为表单设置输入合法性检查程序

（4）插入相应的动态网页程序。

在上面的应用中，还有一个值得注意的地方，那就是页面上的随机验证码。我们都知道，随机验证码是动态变化的，如何实现随机动态验证码呢？这同样需要动态网页的相关知识，在此只作简单说明，可以在相应的图片位置加入如下代码，如图 7-31 所示。

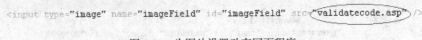

图 7-31 为图片设置动态网页程序

即图片的来源变成了一个 asp 动态网页程序，具体是什么图片，由这个动态网页程序去决定。

（5）设置 Web 服务器。

对于带有表单的网页，通常都有相应的后台处理程序，对于带有后台处理程序的网页，在预览时需要先设置 Web 服务器。Web 服务器的设置涉及到较多的专业知识，在此仅以 Windows 中的 IIS 为例稍作说明。

在 Windows 中集成了 Web 应用开发组件 IIS，即 Internet 信息服务，它包含 WWW 服务器、FTP 服务器及个人 Web 服务器等许多功能软件。在一些 Windows 版本中，IIS 不是默认安装的，所以在使用之前，必须先进行安装。

首先，打开"控制面板"窗口，在"控制面板"窗口中双击"添加/删除程序"图标，打开"添加/删除程序"窗口。单击"添加/删除 Windows 组件"按钮，在"Windows 组件向导"对话框中，选中"Internet 信息服务（IIS）"，单击"下一步"按钮，开始安装 IIS，如图 7-32 所示。

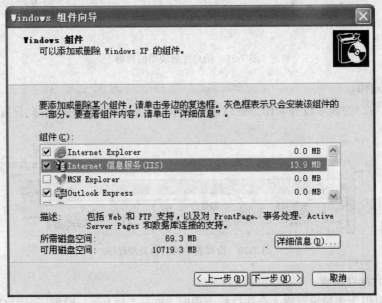

图 7-32 IIS 安装设置

安装完成以后，在"控制面板"窗口中双击"管理工具"图标，打开"管理工具"窗口。在"管理工具"窗口中双击·"Internet 信息服务"图标，打开"Internet 信息服务"对话框。如图 7-33 所示，在左边树型列表的"网站"处右击鼠标，单击弹出式菜单项"属性"，打开属性设置对话框，如图 7-34 所示。选择"文档"页面，更改首页的文件名称。将制作的网页复制到网站文件夹"Inetpub"的子文件夹"wwwroot"中，在 IE 浏览器的地址栏中输入"http://127.0.0.1"，就可以打开编辑的网页了。

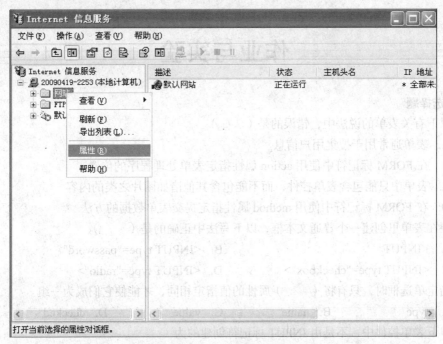

图 7-33　IIS 网站属性窗口的打开

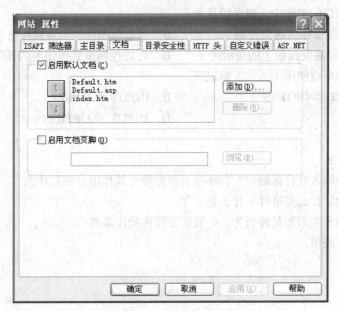

图 7-34　IIS 网站属性设置

小　　结

网页的交互是通过表单实现的。本章对表单的基本知识和各种常见表单控件如搜索表单、用户登录注册表单、调查表单等常见表单做了系统的讲解。并通过实例，说明了在 Dreamweaver CS5 中表单的制作和使用方法。

作业与实验

一、选择题

1. 以下有关表单的说法中，错误的是（　　）。
    A. 表单通常用于搜集用户信息
    B. 在 FORM 标记符中使用 action 属性指定表单处理程序的位置
    C. 表单中只能包含表单控件，而不能包含其他诸如图片之类的内容
    D. 在 FORM 标记符中使用 method 属性指定提交表单数据的方法

2. 要在表单里创建一个普通文本框，以下写法中正确的是（　　）。
    A. <INPUT>　　　　　　　　　　B. <INPUT type="password">
    C. <INPUT type="checkbox">　　　D. <INPUT type="radio">

3. 指定单选框时，只有将（　　）属性的值指定相同，才能使它们成为一组。
    A. type　　　　　　B. name　　　　　C. value　　　　　D. checked

4. 以下表单控件中，不是由 INPUT 标记符创建的为（　　）。
    A. 单选框　　　　　B. 口令框　　　　C. 选项菜单　　　　D. 递交按钮

5. 以下有关按钮的说法中，错误的是（　　）。
    A. 可以用图像作为递交按钮　　　　B. 可以用图像作为重置按钮
    C. 可以控制递交按钮上的显示文字　　D. 可以控制重置按钮上的显示文字

6. 创建选项菜单应使用（　　）标记符。
    A. SELECT 和 OPTION　　　　　B. INPUT 和 LABEL
    C. INPUT　　　　　　　　　　　D. INPUT 和 OPTION

二、问答题

1. 什么是表单？
2. 表单对象应插入在什么地方？有哪些表单对象？其作用分别是什么？
3. 什么是行为？什么是事件？什么是动作？
4. 为文档中的元素添加某种行为，一般需要哪些操作步骤？
5. 设计出如下表单：

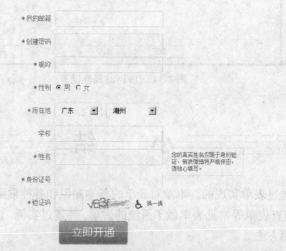

第 8 章
CSS 和模板

- 了解 CSS 和模板的基本概念
- 掌握 CSS 的创建和应用
- 掌握模板的创建和应用

8.1　了解 CSS

对于初学网页设计的人来说，CSS 看起来有些陌生。在进入 CSS 的学习之前，我们先来看一个简单的例子。以下是用传统的 HTML 方法来设置网页中的格式的代码：

```
<html>
  <head>
    <title>传统 HTML 设置格式</title>
  </head>
  <body alink=white vlink=#464646 link=#006486>
      <h1><font color= olive ><U>开始学习 CSS</U></font></h1>
      <p><font color=purple size=2>
          这是我的第一个网页,点击
          <a href="http://pc.hstc.cn">
           这里
          </a>开始学习 CSS
      </font></p>
  </body>
</html>
```

上面的代码设置了链接的颜色、1 号标题的颜色和下画线以及段落的文字颜色和大小。我们再来看以下两个文件的代码。

文件 sample.html 的代码如下：

```
<html>
  <head>
    <title>CSS 设置格式</title>
    <link rel="stylesheet" type="text/css" href="sample.css" />
  </head>
  <body>
      <h1>开始学习 CSS</h1>
      <p>这是我的第一个网页,点击
```

```
              <a href="http://pc.hstc.cn">
                这里
              </a>开始学习 CSS
            </p>
        </body>
```

文件 sample.CSS 的代码如下：

```
/*段落样式*/
p{
    color: purple;
    font-size: 12px;
}/*标题样式*/
h1{
    color: olive;
    text-decoration: underline;
}/*链接样式*/
a:link{
    color:#006486;
}
a:visited{
    color:#464646;
}
a:hover{
    color: #ffffff;
    background: #3080CB;
}
a:active{
    color:white;
    background:#3080CB;
}
```

在上面代码中，使用了 CSS 的方式同样设置了链接的颜色、1 号标题的颜色和画划线以及段落的文字颜色和大小。但是，在上面 CSS 的代码中，将网页分成了两个文件 sample.html 和 sample.css，其中 sample.html 是网页文件，sample.css 是网页格式的文件，专门定义 CSS，通过 sample.html 文件中的 "<link rel="stylesheet" type="text/css" href="sample.css" />" 这部分代码将 sample.css 文件中的格式应用到网页上去。

在 CSS 文件中，"p{   color: purple; font-size: 12px;}" 代表 p 标签包含的内容以紫红色（color: purple; ），12px 大小（font-size: 12px; ）的字体显示。在 CSS 样式中，文字大小可表达的范围更大，而不像传统 html 中只有 1～7 号字体。

CSS 文件中的 "h1{color: olive; text-decoration: underline;}" 代表 h1 标签包含的内容以橄榄色（color: olive; ），带下画线（text-decoration: underline; ）的字体显示。

而代码

```
a:hover{
    color: #ffffff;
    background: #3080CB;
}
a:active{
    color:white;
    background:
#3080CB ;
a:link{
```

```
    color:#006486;
}
a:visited{
    color:#464646;
}
```

则代表了 HTML 链接的样式，其中：a:link 表示链接的文字样式；a:visited 表示访问过的链接的样式；a:hover 表示链接有鼠标经过时的样式；a:active 表示链接被激活时的样式。

在这里我们可以看到，使用 CSS 样式，可以表示的格式更加丰富，对于链接不仅能设置文字颜色还能设置背景颜色，像鼠标经过样式也是传统 HTML 中无法表达的。随着后面的深入了解，我们还将学习到更多更丰富的 CSS 样式。

8.1.1　什么是 CSS

CSS 是 "Cascading Styles Sheets" 的缩写，中文名称是 "层叠样式表"，是用于控制网页样式并允许将样式与网页内容分离的一种标记性语言。CSS 可将网页的内容与表现形式分开，使网页的外观设计从网页内容中独立出来单独管理。要改变网页的外观时，只需更改 CSS 样式。

8.1.2　CSS 的优势

CSS 作为当前网页设计中的热门技术，具有以下优势。

（1）CSS 符合 Web 标准。W3C 组织创建的 CSS 技术将替代 HTML 的表格、font 标签、frames 以及其他用于表现的 HTML 元素。

（2）提高页面浏览速度。使用 CSS 比传统的 Web 设计方法至少节约 50%的文件大小。

（3）缩短网页改版时间。在上面的例子中我们已经可以看到，只要修改相应的 CSS 文件就可以重新设计一个有成百上千页面的站点。

（4）强大的字体控制和排版能力。CSS 控制字体的能力比 font 标签好多了。有了 CSS，我们不再需要用 font 标签来控制标题，改变字体颜色、字体样式等。

（5）CSS 非常容易编写。Dreamweaver 也提供了相应的辅助工具。

（6）CSS 有很好的兼容性，只要是可以识别 CSS 样式的浏览器都可以应用它。

（7）表现和内容相分离。将设计部分剥离出来放在一个独立样式文件中，让多个网页文件共同使用它，省去了在每一个网页文件中都要重复设定样式的麻烦。

8.1.3　CSS 的基本语法

CSS 的样式规则由两部分组成：选择器和声明。选择器就是样式的名称，声明就是样式的具体定义，格式如下：

```
选择器
{
    声明
}
```

1．选择器

选择器总共有 3 种类型：标签选择器、class 选择器及高级选择器。

（1）标签选择器，即重新定义 HTML 标签的格式，定义以后所有该标签的样式都会立即自动更新。就如本章开头的例子，重新定义了 h1、p 和 a 标签。使用标签选择器可以快速地更新所有该标签的样式。但是，使用标签选择器，在同一个页面中同一个标签只能是同一种相同的样式，这也带来了不便。例如不同的段落要使用不同的样式的话，那么使用标签选择器无法实现，因此，引入了 class 选择器和高级选择器，使用 class 选择器和高级选择器，可以更自由地设置样式。

（2）class 选择器和高级选择器可以由设计者自己为样式命名，命名时应遵循如下规则：CSS 选择符必须以字母开头，后面可以使用英文字母的大写与小写"A～Z，a～z"，数字"0～9"或连字符"-"。

class 选择器，也称类选择器，以点号"."开头。例如：

```
.bluetext
{
  color:blue;
}
```

定义了 class 选择器，就可以把 class 加入文档中的任何一个 html 标签来应用 class 选择器。例如：<p class="bluetext">是一个蓝色文本的 class 选择器<p>。

class 选择器是一个多重选择器，同一个 class 选择器在一个页面中可以多次出现，同一个标签内也可以使用多个 class 选择器。例如：

```
<p class="bluetext font12">class 选择符 2,出现了多次.<p>
```

（3）高级选择器包括 id 选择器和其他复杂的选择器，id 选择器和 class 选择器的用法类似，不同的是 id 选择器以#开头。例如：

```
#redtext
{
  color:red;
}
```

定义了 id 选择器，就可以把 id 加入文档中的任何一个 html 标签来应用 id 选择器。例如：

```
<p id="redtext">这是一个红色文本的 id 选择器<p>
```

id 选择器是一个唯一性选择器，整个页面中对于同个 id 只能出现一次，一次也只能应用一个 id 选择器，这是 id 选择器和 class 选择器的一个重要的区别，通常 id 选择器还建议在整个网站中唯一。

除了以上选择器外，还有各种复杂的高级选择器，通常也称为复合 css 选择器。例如，"a:link"就是定义未点击过的超链接的高级样式。复合选择器主要有集体声明的选择器和选择器的嵌套。

① 集体声明的选择器。在声明各种 CSS 选择器时，有时候某些选择器的风格是完全相同的，可以将它们同时声明，集体声明时用逗号隔开。例如：

```
h1,h2,h3,h4
{
  color:red;
}
```

② 选择器的嵌套。有时候我们仅需要对某些位置的标签进行声明，可以使用选择器的嵌套，选择器的嵌套各层之间用空格隔开。例如，当只想将<p></p>标签内的<b></b>标签的字体设置为红色时，可以这么定义：

```
p b
{
  color: red;
}
```

同样地，类选择器及 id 选择器都可以进行嵌套。例如：

```
.bluetext i
```

```
{
  color:yellow;
}
#first li
{
  font-size:12px;
}
td.top .top1 strong
{
  font-size:8px;
}
```

2. 声明

CSS 的声明由属性和属性值构成，属性和属性值之间用冒号隔开，每一行声明的末尾加上一个分号，最后一行的分号可以省略。例如：

```
color: red;
```

CSS 的各种属性将在后续的学习中一一讲解。

8.1.4　CSS 的应用方式

CSS 的应用方式有以下两种。

（1）内部 CSS 样式表：只存在于当前文档中，并只针对当前页进行样式应用的方法。一般存在于文档 head 部分的 style 标签内。例如：

```
<style type="text/css">
<!--
  P
{
  color: red;
}
-->
</style>
```

（2）外部 CSS 样式表：以扩展名为.css 的文件存在，文件中内容即是所有样式的选择和声明。该文件可作为共享文件，让多个文档共同引用并应用，达到站点文件样式的一致性。同时，如果修改该样式表文件，所有引用的文档都将改变其样式，达到网站迅速改版的目的。网页文档引用 CSS 文件有两种方式：链接式和导入式。

链接式样式表是最常用的 CSS 方法，在<head>与</head>标签之间加入<link>标签链接到所需的 CSS 文件。例如：

```
<link rel="stylesheet" type="text/css" href="sample.css" />
```

其中 href 对应的属性值就是 CSS 文件的文件名。

导入式通常在<style>标签中使用@import 将外部 CSS 文件导入。例如：

```
<style type="text/css">
<!--
@import sample.css
-->
</style>
```

导入式从原理上可以看作是内部 CSS 与外部 CSS 的结合，因为导入式虽然也是将 CSS 文件分开，但其原理却是内部 CSS 的方式，只不过将 CSS 文件的内容作为普通文件导入到 style 标签中。导入式在网页文件初始化时就将文件的全部 CSS 样式装载到网页中，而链接式则是在网页需要格式时才以链接的方式引入。

8.2　使用 CSS 面板

利用 CSS 面板，可以轻松创建和管理 CSS 规则。本小节主要介绍 CSS 面板的基本操作，包括所有模式与当前模式的切换、移动 CSS 规则、删除 CSS 规则及重命名类等。在 Dreamweaver CS5 中，单击"窗口" | "CSS 样式"命令菜单，打开 CSS 面板，如图 8-1 所示。

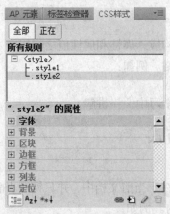

图 8-1　打开 CSS 面板

使用快捷键"Shift+F11"也可以展开 CSS 面板，若再次按下快捷键"Shift+F11"，则将 CSS 面板隐藏。

8.2.1　"所有"模式与"当前"模式

（1）CSS 面板默认情况下是以"所有"模式展开。在"所有"模式下，CSS 面板显示应用到当前文档的所有 CSS 规则。单击其中一个规则，该规则的属性出现在下方的列表框中，如图 8-2 所示，默认情况下属性以"类别视图"排列。

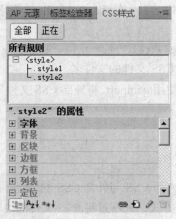

图 8-2　CSS 面板规则属性

（2）在 CSS 面板中，单击"显示列表视图"按钮，属性以"列表视图"排列，如图 8-3 所示。

（3）在 CSS 面板中，单击"只显示设置属性"按钮，属性只显示已设置的属性，如图 8-4 所示。

图 8-3　CSS 面板以列表示图排列

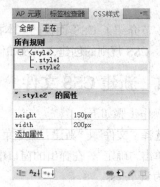

图 8-4　CSS 面板只显示已设置的属性

（4）切换到"当前模式"。在 CSS 面板中，单击"切换到当前选择模式"按钮。此时，在"当前"模式中，CSS 面板显示当前所选内容的属性的摘要，如图 8-5 所示。

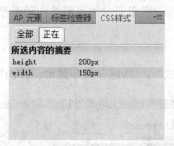

图 8-5　CSS 面板显示属性的摘要

8.2.2　基本操作

在要进行设置的类上右击鼠标，可以对其进行重命名类、移动 CSS 规则和删除等操作，如图 8-6 所示。

图 8-6　CSS 面板对类的操作菜单

8.3 在 Dreamweaver 中创建与应用 CSS

在 8.2 节介绍了 CSS 面板的基本操作，大家对 CSS 面板已经有了一定了解。本节主要学习 CSS 文件及 CSS 规则的创建，以及如何在网页中应用 CSS 样式表。

8.3.1 新建 CSS 文件

具体操作步骤如下。

（1）选择"文件"|"新建"命令菜单，如图 8-7 所示，选择"CSS"。

（2）单击"确定"，在弹出的窗口中选择保存位置并命名 CSS 文件，假定命名为 style.css。

图 8-7 新建菜单

8.3.2 新建 CSS 规则

前面已经讲到，CSS 的规则类型包括自定义的类、HTML 标签和 CSS 选择器（高级样式）3 种。下面分别来学习如何新建 3 种类型的 CSS 规则。

1. 新建自定义的类

（1）单击"格式"|"CSS 样式"|"新建"命令菜单，弹出窗口如图 8-8 所示。

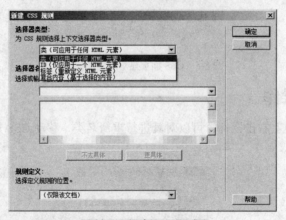

图 8-8 新建 CSS 规则

（2）在"选择器类型"选择类，在"选择器名称"中键入自定义的类名，单击"确定"，会弹出 CSS 样式设置的对话框，在对话框中对样式进行具体的设置，具体设置我们将在后面进一步学习，在这里先直接单击"确定"。这样就自动生成内部 CSS 样式表。

2. 新建 HTML 标签

类似上面，选择标签，在选择器名称右边的 ▼ 选择一个 html 标签，也可以自行输入标签的名字，其他操作和上面相同，这里就不重复了。

3. 新建 CSS 选择器（高级样式）

类似上面，选择复合内容，输入选择器的名称，其他操作和上面相同，这里就不重复了。

8.3.3 应用 CSS

1. 应用外部 CSS 样式表

应用外部 CSS 样式表时，需要先将 CSS 文件引入。单击"格式"|"CSS 样式"|"附加样式表"命令菜单，单击"浏览"，选择一个 CSS 文件，然后选择以链接式还是导入式，选择完成后单击"确定"。这里以 8.3.1 小节新建的 style.css 为例。

选中网页文档中要应用 CSS 样式的内容，选择"格式"|"CSS 样式"命令菜单，在右拉菜单选择一个选择器名称。

2. 应用内部 CSS 样式表

若没有链接外部样式表，则在新建 CSS 规则时，即自动生成内部 CSS 样式表，选中网页文档中要应用 CSS 样式的内容，直接在"格式"|"CSS 样式"命令菜单的右拉菜单选择一个选择器名称即可。

8.4　CSS 属性

在".word 的 CSS 规则定义"对话框的"分类"列表框中，共有类型、背景、区块、方框、边框、列表、定位及扩展等 8 大类。本节来学习根据 CSS 样式表的用途和要求，分别设置不同类型的参数。

在图 8-6 所示右键菜单中单击"编辑"，将弹出如图 8-9 所示的菜单，就可以对已经创建好的 CSS 规则进行设置了。

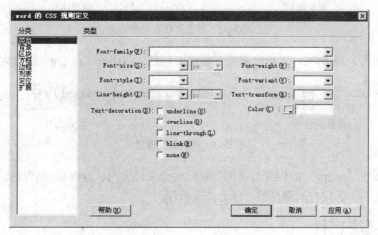

图 8-9　CSS 规则设置

8.4.1 类型属性

类型属性主要用来定义文字的字体、大小、样式及颜色等属性。下面以新建的类".word"为例，来说明如何设置类型属性。应用".word"样式的文字效果如图 8-10 所示。

此处为了突出处理效果，对定位类型的 width 和 height 属性作了设置，具体可参见 8.4.4 小节中"方框属性"。

此处样式设置如图 8-11 所示，其中 color 的属性 "#0F0" 是绿色。

图 8-10　CSS 文字效果

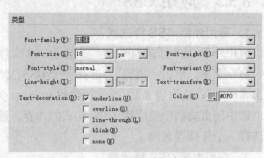

图 8-11　CSS 文字效果对应的样式设置

8.4.2　背景属性

背景属性主要用来定义页面的背景颜色或背景图像。如图 8-9 所示，在左边的 "分类" 中单击 "背景"。应用背景颜色和背景图像的效果如图 8-12 所示。

背景颜色　　　　　　　　　　　　　　背景图片

图 8-12　背景属性效果图

样式设置如图 8-13 所示，这里分别将背景设为蓝色，将图片 "ge.jpg" 设置为背景。

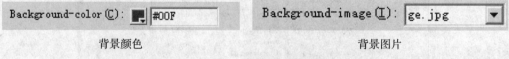

背景颜色　　　　　　　　　　　　　　背景图片

图 8-13　背景属性设置

这里背景图片 "ge.jpg" 的位置与该网页在同一个文件夹内；"#00F" 是蓝色。注意链接的文件不要使用中文名，否则有的浏览器可能会读取错误。

8.4.3　区块属性

区块属性主要用来定义间距和对齐方式。如图 8-9 所示，在左边的 "分类" 列表中单击 "区块"，设置后效果如图 8-14 所示。

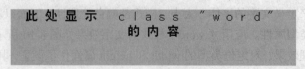

图 8-14　区块设置效果

这里将"Letter-spacing"（文字间距）和"Text-align"（对齐方式）分别设置为 10px 和 center（居中），如图 8-15 所示。

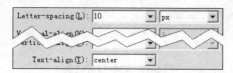

图 8-15　区块属性设置

8.4.4　方框属性

方框属性主要用来定义元素在页面上的位置。应用在".word"样式中设置方框属性后的效果如图 8-16 所示，可以控制文本区域的大小、位置及与边界的距离等。

此处将与边界的间距（Margin）设为 40px，填充（Padding）设为 20px，高度（Height）设为 100px，宽度（Width）设为 300px，如图 8-17 所示。

图 8-16　方框设置效果

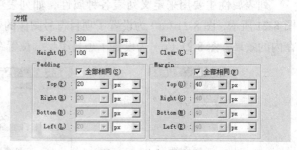

图 8-17　方框属性设置

对于初学者可能一时不能理解 width、height、padding 和 margin 的关系与区别，这里简单作图 8-18 所示的图，读者可自己设置不同参数。

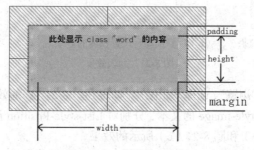

图 8-18　方框属性对应图

8.4.5　边框属性

边框属性用来定义元素周围的边框，例如边框的宽度、颜色和样式等。应用边框属性样式的表格效果如图 8-19 所示，表格边框为 1 像素虚线。

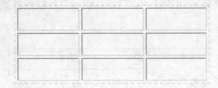

图 8-19　边框设置效果

边框属性样式设置如图 8-20 所示。

图 8-20　边框属性设置

8.4.6　列表属性

列表属性主要用来定义列表各种属性，如列表项目符号、位置等。应用列表属性的效果如图 8-21 所示，图 8-21（a）为设置了项目符号图像的效果，图 8-21（b）为设置了项目类型、位置在内的效果，图 8-21（c）为设置了项目类型、位置在外的效果。

 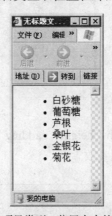 

（a）项目符号图像的效果　　（b）项目类型、位置在内的效果　　（c）项目类型、位置在外的效果

图 8-21　列表效果

如图 8-22 所示，单击"浏览"，选择一张图片，即得到图 8-21（a）的效果，此时对 List-style-type 的设置会无效。删掉 List-style-image 的文本，分别对 List-style-Position 设置"inside"和"outside"属性，分别得到图 8-21（b）和图 8-21（c）所示的效果。

图 8-22　列表属性设置

8.4.7　定位属性

　　定位属性主要用来定义层的大小、位置、可见性、溢出方式及剪辑等属性。应用定位属性的层如图 8-23 所示，先将定位属性中的"position"属性设置为"absolute"，属性检查器中就会列出了相应的属性，层宽 300 像素，高 200 像素，位置距离页面上边界 100 像素，距离页面左边界 50 像素，显示方式为可见。

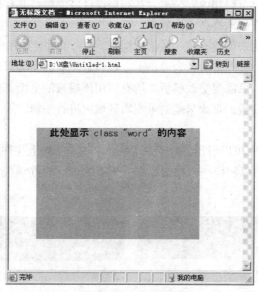

图 8-23　定位属性

8.5　设计时间样式表

　　设计时间样式表可以在设计网页时将已有的 CSS 样式表隐藏，显示并应用其他样式表。利用设计时间样式表这一功能，可以在文档中查看同一网页内容应用不同外部样式表时的效果。本小节以网页"index.htm"为例，来学习如何使用设计时间样式表。

　　首先单击"格式"|"CSS 样式"|"设计时间"命令菜单，弹出对话框如图 8-24 所示。

　　若要在设计时显示 CSS 样式表，单击"只在设计时显示"上方的 ✚ 按钮，然后在"选择样式表"对话框中浏览到要显示的 CSS 样式表。

　　若要在设计时隐藏某些 CSS 样式表，单击"设计时隐藏"上方的 ✚ 按钮，然后在"选择样式表"对话框中浏览到要隐藏的 CSS 样式表。

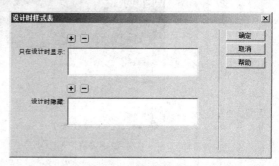

图 8-24　时间样式设置

8.6　模　板　概　述

8.6.1　什么是模板

模板的功能就是把网页布局和内容分离，在布局设计好之后将其存储为模板，这样相同布局的页面可以通过模板创建极大地提高工作效率。

模板的最大作用就是用来创建有统一风格的网页，省去了重复操作的麻烦，提高了工作效率。它是一种特殊类型的文档，文件扩展名为".dwt"。在设计网页时，可以将网页的公共部分放到模板中。要更新公共部分时，只需要更改模板，所有应用该模板的页面都会随之改变。在模板中可以创建可编辑区域，应用模板的页面只能对可编辑区域内进行编辑，而可编辑区域外的部分只能在模板中编辑。

从如图 8-25 所示的页面可以看出，对于一个网站来说，布局上往往是大同小异的，只有具体的内容不同。由此，我们可以制作一个如图 8-26 所示的模板，再在该模板上制作网页，就可以很方便地批量制作出网页了。

图 8-25　网站页面例子

图 8-26　模板例子

8.6.2　模板的优点

　总的来说在 Dreamweaver CS5 中模板有以下优点。

（1）制作方便，利用模板可以制作具有相同外观结构的网页，提高了制作效率。但要注意模板的设计和制作一定要严谨，以防改来改去的。

（2）更改方便，更改模板就使得整个网站采用相同模板的页面都得到更新。

（3）模板与基于该模板的网页文件之间保持连接状态，对于相同的内容可保证完全的一致。

8.7　创　建　模　板

　制作模板和制作一个普通的页面完全相同，只是不需要把页面的所有部分都制作完成，仅仅需要制作出导航条、标题栏等各个页面的公共部分，中间区域用各个页面的具体内容来填充。设计者可以根据需要直接创建空白的模板，也可以将已有文档转换为模板。要使模板生效，其中至少还要创建一个可编辑区域，否则基于该模板的页面是不可编辑的。为了便于管理，最好将创建的模板存放在站点根目录下的"Templates"文件夹中。

8.7.1　直接创建模板

　在 Dreamweaver CS5 中，可以通过"资源"面板直接创建模板。具体操作步骤如下。

（1）单击"窗口"|"资源"菜单，打开"资源"面板，"资源"面板如图 8-27 所示。

图 8-27　"资源"面板创建模板

　（2）单击"资源"面板上倒数第 2 个按钮，可以看到站点中已有的模板。选中一个模板，在上方可以显示模板的预览效果；单击下方的添加按钮可创建一个空白的新模板；单击下方的修改按钮可对选中的模板进行修改；单击删除按钮可删除选中的模板。

8.7.2　将已有文档转换为模板

　上一小节学习直接创建空白模板，在 Dreamweaver CS5 中还可以将已有文档转换为模板，具体操作步骤如下。

打开设计好的网页，单击菜单"文件"|"另存为模板"，在弹出的对话框中选择模板所属的站点，输入模板的名称和描述，如图8-28所示，即可将网页文档保存为模板了。

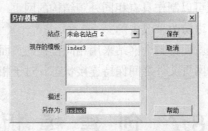

图8-28　网页文档保存为模板

在创建模板之前，必须先建立站点，在"站点"菜单中可管理站点。

保存后，资源面板可能并没有立即显示出新建的面板，此时可以点击刷新按钮 C 进行刷新。

8.7.3　创建可编辑区域

在设计模板时，设计者可以决定模板中的哪些部分是可编辑的，而哪些是不可编辑的，这就要通过创建可编辑区域来实现上述功能。一个模板必须创建了可编辑区域模板才有意义，否则该模板创建的网页都不能进一步编辑。创建可编辑区域的具体操作步骤如下。

首先打开创建好的模板，把鼠标光标停留在想留给使用该模板的网页编辑的地方，单击菜单"插入"|"模板对象"|"可编辑区域"，弹出如图8-29所示的对话框，在对话框中为该可编辑区域命名，就完成了可编辑区域的创建。

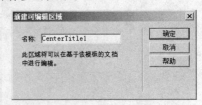

图8-29　模板中新建可编辑区域

创建了可编辑区域的模板如图8-30所示。该模板创建了10处可编辑区域，可编辑区域用绿色方框标识。

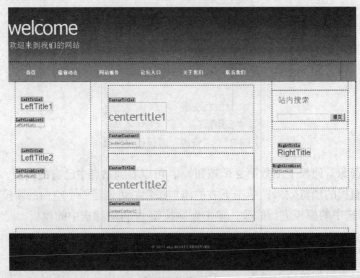

图8-30　模板中创建多处可编辑区域

8.8　模板的应用

　　上一节学习了创建模板，下面就来学习如何将创建好的模板应用到页面中。本节主要介绍应用模板创建新文档和将模板应用于现有文档两种应用方式，以及更新应用模板的页面及从模板中分离页面等内容。

8.8.1　应用模板创建新文档

　　创建模板并建立可编辑区域后，就可以使用该模板来创建新的网页了，具体操作步骤如下。

　　单击菜单"文件"|"新建"，在弹出的对话框中选择"模板中的页"，如图 8-31 所示。可以看到对话框分为 3 列，左边是已经设定好的所有站点，选择一个站点，就可以在中间的列表框中看到这个网站中已经存在的模板了，选中一个模板，最右边可以显示出这个模板的缩略图。

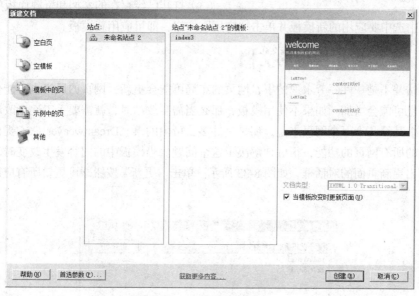

图 8-31　模板创建网页

　　选择一个模板后，单击"创建"按钮，就新建了一个网页。在新建的网页中我们可以看到，只有在可编辑区域才可以进行编辑，鼠标移动到其他地方都变成不可编辑的停止状态。同时，打开网页对应的代码，我们也发现，只有可编辑区域对应的地方的代码是黑色的，其他大部分代码都变成了灰色的不可编辑的状态。

　　在可编辑区域输入我们想要填写的内容，然后就可以保存为一张新的网页了。这样，一个新的网页就做好了。通过这种方法，可以很快地制作出很多布局形式相同而内容不同的网页，大大提高工作效率。

　　小提示：在网上看到一些优秀的网页时，可以先下载下来，然后在 Dreamweaver CS5 中打开它，把内容部分清除掉，然后保存成面板，这样能够省去很多制作模板的时间。

8.8.2 将模板应用于现有文档

上一小节学习应用模板创建新文档，在 Dreamweaver CS5 中还可以将模板应用于已经创建好的文档，当然，这个功能有一定的限制。要实现网页更换模板的前提条件就是两个模板的可编辑区域的命名必须一一对应，这样原来网页中可编辑区域的内容才能正确地显示在新模板中。要将模板应用到现有文档，有 3 种方法。

（1）打开已经保存好的网页，单击菜单"修改"|"模板"|"应用模板到页"，会弹出"选择

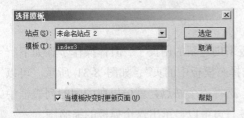

图 8-32　选择模板

模板"的对话框，如图 8-32 所示，在对话框中选择要应用的新模板，然后单击"选定"按钮，就可以应用新模板了。

（2）打开已经存在的文档和资源面板中的模板，在资源面板中选中要应用的新模板并将它拖到文档中即可应用新模板。

（3）打开已经存在的文档和资源面板中的模板，在资源面板中选中要应用的新模板并单击"应用"按钮，即可应用新模板。

8.8.3 更新应用模板的文档

建立网站并不是一件一劳永逸的事，网页的布局可能会更新，网页的风格也可能会改变，网页的栏目等也可能会增加。如果不使用模板，那么当需要改动时，就需要手工逐个改动，对于动则成千上万个甚至几十万个网页来说，那是一件多么可怕的事。Dreamweaver CS5 提供了自动更新使用模板的所有网页的功能，很好地解决了这个问题。当模板中的内容发生改变时，保存模板后会自动弹出更新页面的对话框，如图 8-33 所示。单击"更新"按钮即可更新所有应用该模板的网页。

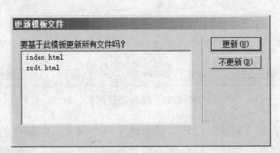

图 8-33　更新模板

8.8.4 将页面从模板中分离

通过模板建立网页虽然方便快捷，但是所建立的网页受模板限制，只能修改模板中可编辑区域的位置的内容，同时模板更新后也会随着模板更新。有时候，我们既想从现有的模板中快速创建网页，同时又想灵活地改动而不受模板影响，是否能够达到这样的功能呢？答案是肯定的。Dreamweaver 提供了将页面从模板中分离出来的功能，可以先从模板创建页面，然后再从模板中分离出来成为独立的页面，并且保留网页中原内容。还是以上述网页为例，具体操作步骤如下。

打开需要分离的页面，然后单击菜单"修改"|"模板"|"从模板中分离"，就可以将页面从

模板中分离出来了。分离出来的页面所有的地方都是可编辑的，成为真正独立的一个普通的页面。

但是需要注意的是，分离之后的页面就是普通的网页了，和模板再无任何联系。因此，模板再次修改也不会更新这些分离出来的页面了。

小　结

本章介绍了什么是 CSS 和 CSS 的基本语法等基础知识，学习 CSS 面板管理规则以及如何在 Dreamweaver 中创建与应用 CSS 样式表，同时结合实例讲解了综合运用 CSS 的属性进行网页布局设计的内容。本章还介绍了模板的基本概念、模板的特点和制作模板的方法，并介绍了如何使用模板，为设计中、大型网站打下了基础。

作业与实验

一、填空题

1. 模板文件的扩展名为_____。

2. 模板文件保存在网站根目录下的_____文件夹内。

3. 模板中的_____是指可以创建包含重复行的表格格式的可编辑区域。

二、选择题

1. 对模板的管理主要是通过（　　）。

   A. "资源"面板　　　B. "文件"面板　　C. "层"面板　　　D. "行为"面板

2. 关于模板的说法错误的是（　　）。

   A. 可以通过"新建文档"对话框创建模板

   B. 可以通过"资源"面板创建模板

   C. 可以通过"资源"面板重命名模板

   D. 可以通过"资源"面板将网页与模板分离

3. CSS 可以改变的性质有（　　）。

   A. 字体　　　　　　B. 文字间的空间　C. 列表　　　　　D. 颜色

4. 模板的创建有两种方式，分别是（　　）。

   A. 新建模板、已有网页保存为模板　　B. 新建网页、保存网页

   C. 新建模板、保存层　　　　　　　　D. 新建层、保存模板

5. 下面说法错误的是（　　）。

   A. 模板必须创建可编辑区域，否则在使用模板时无法达到预期效果

   B. 为了达到最佳的网页兼容性可编辑区的命名可应用中文

   C. 在模板中，蓝色为可编辑区黄色是非编辑区

   D. 模板是一种特殊的网页

6. 模板的（　　）指的是在某个特定条件下该区域可编辑。

   A. 重复区域　　　　B. 重区域　　　　C. 可选区　　　　D. 库

7. 下面说法错误的是（　　　）。

    A. CSS 样式表可以将格式和结构分离

    B. CSS 样式表可以控制页面的布局

    C. CSS 样式表可以使许多网页同时更新

    D. CSS 样式表不能制作体积更小、下载更快的网页

8. 表单域可能不包含（　　）元素。

    A. 文本域　　　　　　B. 密码域　　　　　　C. 提交按钮　　　　　　D. 隐藏域

9. CSS 样式表不可能实现（　　）功能。

    A. 将格式和结构分离　　　　　　　　B. 一个 CSS 文件控制多个网页

    C. 控制图片的精确位置　　　　　　　D. 兼容所有的浏览器

10. 下列选项中，只有（　　）是正确的 CSS 样式格式命名。

    A. .ab　　　　　　　　B. .sb　　　　　　　　C. .txt　　　　　　　　D. .exe

三、实验问答题

1. 常用的模板对象有哪些？

2. 建立一个名为"网上书店"的模板，然后利用模板建立 3 个介绍教材的网页，其中包括教材的名称、封面图像和文字介绍。

3. 上机操作，创建一个模板，并将它应用于网页。然后修改模板并更新网页。如果要想在修改模板后不影响使用该模板的网页，应如何操作？

第 9 章
网页图形处理工具 Fireworks CS5

- 掌握图形、图像等概念，并了解位图与矢量图在存储格式上的区别
- 掌握 Fireworks CS5 中创建、编辑图形的基本方法
- 掌握 Fireworks CS5 中编辑、转化图像文件的基本方法
- 掌握动态按钮、切片图及热点等网页元素的操作方法
- 掌握运用 Fireworks CS5 设计网站首页的方法

9.1 图形、图像基本概念

图案是网页设计中一个不可缺少的元素，恰当的图案装饰将令网页增色不少。计算机中对图案的表示方式分成两种：位图和矢量图。理解位图和矢量图的不同存储原理，掌握其各自的编辑处理方法，才能更好地让图片为网页添光增彩。

9.1.1 位图与矢量图

1. 位图

位图（bitmap）也叫点阵图，简称图像（image），是指由像素阵列构成的图。像素是位图的最小单位，每个像素都有自己的颜色信息，并由颜色排列来显示图像内容。在对位图进行编辑时，其操作对象是每个像素，通过改变像素的位置、颜色值及数量来改变图像的显示效果。

位图的特点是色彩变化丰富，可表达信息量丰富的真实自然景物。图像文件的大小由像素阵列及像素颜色位数决定，所以，未经压缩的位图文件通常占据较大的存储空间。此外，对图像进行缩放处理容易出现失真现象，如将图像放大到一定程度，图像中的轮廓线条出现锯齿状或变得模糊；而对图像缩小到一定程度，由于某些像素的丢失，图像中轮廓线条将变得不连贯或模糊。如图 9-1 所示为位图及其放大 25 倍的局部图。

常用的位图绘制/编辑软件有 Adobe Photoshop、Windows 画图、Ulead PhotoImpact 及 Ulead 我形我速等。

图像文件按像素的颜色数可分为以下几种。

（1）单色图：又称二值图，每像素存储位数为 1bit。

图 9-1　位图及其局部放大图

（2）16 色图：每像素存储位数为 4bit。

（3）8 位灰度图：非彩色图像，每像素存储位数为 8bit（即 1 个字节）。

（4）8 位索引图：256 色图，每像素存储位数为 8bit。

（5）24 位真彩图：每像素存储位数为 24bit，其中 R、G、B 3 分量各占 8bit。

24 位真彩图能显示 2^{24}=16 777 216 种色彩，但由于人的眼睛通常无法辨别这么多种颜色，加上图像的像素阵列本身存在很大的压缩空间，所以许多图像文件格式通常会对原始图作压缩处理。

2. 矢量图

矢量图（vector）也叫向量图，简称图形（graph）。矢量图使用线段和曲线描述图像，所以称为矢量，同时图形也包含了色彩和位置信息。

由于矢量图形可通过公式计算获得，所以矢量图形文件体积一般较小。矢量图形与分辨率无关，因此其最大的优点是无论放大、缩小或旋转等都不会失真，如图 9-2 所示为矢量图及其放大 25 倍的局部图，其最大的缺点是难以表现色彩层次丰富的逼真图像效果。

常用的矢量图绘制软件有 Adobe Illustrator、CorelDRAW 及 Photoshop 等。

矢量图可以很容易地转化成位图，但位图转化成

图 9-2　矢量图及其局部放大图

矢量图却不简单，往往需要大量复杂的运算。在应用上，矢量图与位图通常相互结合使用，如平面设计中，文字及简单对象可设计成矢量图便于编辑修改，而背景则可用位图粘贴以实现逼真的视觉效果。

9.1.2　常用图形、图像格式

除了在第 3 章 3.3.1 节中介绍的 3 种常用的 Web 图像格式——GIF、JPEG 和 PNG 外，目前常用的图形、图像文件格式还有以下几种。

1. BMP 格式

BMP 是英文 Bitmap（位图）的简写，它是 Windows 操作系统中的标准图像文件格式，能够被多种应用程序所支持，应用广泛。BMP 图像信息丰富，通常不进行压缩，所以占用的磁盘空间也较大。

2. JPEG 2000 格式

JPEG 2000 同样是由 JPEG 组织负责制定的，扩展名 JP2。与 JPEG 相比，它是具备更高压缩率（比 JPEG 高约 30%）以及更多新功能的新一代静态影像压缩技术。在高压缩比的情形下，JPEG 2000 图像失真程度一般会比传统的 JPEG 图像小。

JPEG 2000 同时支持有损和无损压缩；能实现渐进传输，即先传输图像的轮廓，然后逐步传输数据，不断提高图像质量，让图像由朦胧到清晰显示；此外，支持所谓的"感兴趣区域"特性，可以任意指定影像上感兴趣区域的压缩质量，还可以选择指定的部分先解压缩。

3. PSD 格式

PSD（Photoshop Document）是著名的 Adobe 公司的图像处理软件 Photoshop 的专用格式。在 Photoshop 中，PSD 格式可以比其他格式更快速地打开，它相当于平面设计的一张"草稿图"，里面包含有各种图层、通道及蒙版等多种设计的样稿，以便于下次打开文件时可以修改上一次的设计。

4. TIFF 格式

TIFF（Tag Image File Format）由 Aldus 和微软联合开发，最初是出于跨平台存储扫描图像的需要而设计的。格式有压缩和非压缩两种形式，其特点是图像格式复杂，存储信息多。正因为它存储的图像细微层次的信息非常多，图像的质量也得以提高，故而非常有利于原图的复制。

5. CDR 格式

CDR 格式是著名图形软件 CorelDraw 的专用图形文件格式。CDR 可以记录文件的属性、位置和分页等，但它属专用文件，必须使用 CorelDRAW 软件打开及编辑。

6. WMF

WMF 简称图元文件，是微软公司定义的一种矢量图形格式。WMF 是一种清晰简洁的文件格式，Word 中内部存储的剪贴画就属于这种格式。

7. EPS

EPS 是 Adobe 公司矢量绘图软件 Illustrator 本身的向量图格式，EPS 格式常用于位图与矢量图之间交换文件。

9.2　Fireworks CS5 基础知识

Fireworks 是一款适合网页图形图像处理的软件，它与网页制作工具 Dreamweaver 结合密切。使用 Fireworks 可以加速 Web 设计与开发，它是创建网站图形图案、优化 Web 图像、快速构建 Web 网站界面原型的理想工具。

9.2.1　Fireworks CS5 概述

Fireworks 是网页设计的常用工具之一。它结合了位图及矢量图的特点，不仅具备强大的图像处理及图形生成功能，还能快速地为图形创建各种交互式的动感效果，而且还可以轻松地把图形输出到 Flash、Dreamweaver 等软件上进行后继编辑。

目前新版本 Fireworks CS5 在网页的图片和交互元素的处理上新增加了许多容易操作的功能，这些功能无论在图像制作方面还是在网页支持方面均能出色地提高设计者的工作效率。

9.2.2　启动 Fireworks CS5

Fireworks CS5 安装完成后，执行 Windows 任务栏里的"开始"|"程序"|"Adobe Master Collection CS5"|"Adobe Fireworks CS5"菜单命令，或双击桌面上 图标，即可启动 Fireworks CS5。

初用者启动 Fireworks CS5 时，会出现一个初始页面，如图 9-3 所示。在这里，用户可以快速访问最近编辑过的文档或创建一个新的文档，也可以访问帮助文件或网页。当用户选择新建 Fireworks 文档后，就会弹出"新建文档"对话框，如图 9-4 所示。

"新建文档"对话框各项参数如下。

①　"画布大小"：设置文档画布的宽度和高度，单位可以是像素、英寸或厘米。

②　"分辨率"：分辨率越高，图像越精细，但同时文件也越大。

③　"画布颜色"：用户可选择白色、透明色或自定义颜色来作为画布的初始背景色，自定义颜色可通过单击其下方色块 弹出色彩选择框来自行选择一种颜色。

图 9-3　Fireworks CS5 启动界面

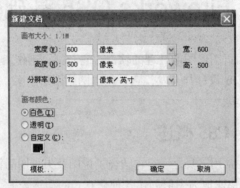

图 9-4　"新建文档"对话框

单击"确定"按钮后，新的文档就创建完成了。Firework CS5 中，新建文档的格式是".PNG"，当编辑完成后，用户也可将该文档以其他常用的图形图像格式（如 JPG、GIF 等）导出。

9.2.3　Fireworks CS5 工作界面介绍

Firework CS5 的工作界面主要由标题栏、菜单栏、常用工具栏、工具箱、文档编辑窗口、组合面板和属性面板等几部分组成，如图 9-5 所示。

1. 标题栏

Fireworks CS5 采用了全新的风格，将标题栏、菜单栏和视图工具结合在一起，这样使整个工作区域进一步扩大，为用户提供更人性化的操作界面。选择右上角的"展开模式"下拉菜单选项，还可以快速地更换界面右侧组合面板的外观模式。

2. 菜单栏

菜单栏用于完成各种文档、图形图像处理的操作和设置，Fireworks CS5 的菜单栏包括"文件"、"编辑"、"视图"、"选择"、"修改"、"文本"、"命令"、"滤镜"、"窗口"和"帮助"10 个菜单项。菜单栏集中了 Fireworks CS5 所有的编辑、操作功能，其中部分常用的功能也可以在工具栏及工具箱上直接使用。

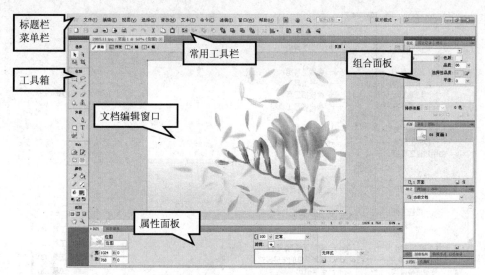

图 9-5 Firework CS5 工作界面

3. 工具栏

工具栏提供了文档操作及图形图像对象操作的一些常用命令，主要可分为常用工具、对象组织、对齐方式及旋转翻转等 4 个功能区，各按钮选项的分类及具体功能如图 9-6 所示。

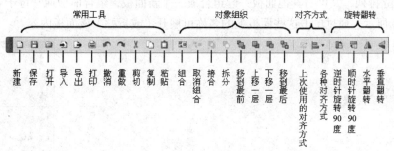

图 9-6 Fireworks 工具栏

4. 工具箱

Fireworks CS5 工具箱位于窗口的左边，主要由选择工具、位图工具、矢量工具、Web 工具及视图工具组成。图 9-7 列出了工具箱各主要工具的名称、用途及相关工具组功能。工具箱中有些工具是以工具组的形式出现的，该类按钮右下角处附带一个黑色小三角形 ，光标放在该按钮可弹出相应子工具组来提供同类功能的工具，如放在"模糊工具"按钮，如图 9-8 所示，弹出 4 个同类工具。

5. 文档编辑窗口

文档编辑窗口是 Fireworks CS5 的主要工作区，无论是矢量图形的创作、编辑还是图像的处理和显示都是在该区域中进行的。在文档编辑窗口顶部有 4 个选项卡，如图 9-9 所示，用于控制文档编辑窗口的显示模式。

① "原始"：以编辑方式显示当前文档。

② "预览"：以预览方式（不可编辑）显示当前文档。

③ "2 幅"：2 窗口比较当前文档优化前后效果。

④ "4 幅"：4 窗口比较当前文档优化前后效果。

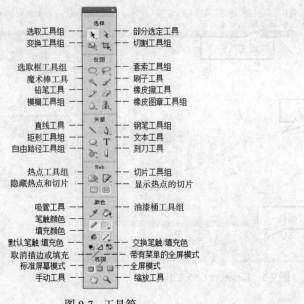

选取工具组 —— 部分选定工具
变换工具组 —— 切割工具组

选取框工具组 —— 套索工具组
魔术棒工具 —— 刷子工具
铅笔工具 —— 橡皮擦工具
模糊工具组 —— 橡皮图章工具组

直线工具 —— 钢笔工具组
矩形工具组 —— 文本工具
自由路径工具组 —— 刻刀工具

热点工具组 —— 切片工具组
隐藏热点和切片 —— 显示热点的切片

吸管工具 —— 油漆桶工具组
笔触颜色
填充颜色
默认笔触/填充色 —— 交换笔触/填充色
取消描边或填充 —— 带有菜单的全屏模式
标准屏幕模式 —— 全屏模式
手动工具 —— 缩放工具

图 9-7　工具箱

"模糊"工具 (R)
"锐化"工具 (R)
"减淡"工具 (R)
"加深"工具 (R)
"涂抹"工具 (R)

图 9-8　工具组

6. 组合面板

Fireworks CS5 有"优化"、"历史记录"、"页面"、"图层"、"样式"等共 18 个组合面板。每个面板既可独立排列，又可与其他面板一起组合成一个新面板，组合面板通常位于界面窗口的右侧，如图 9-10 所示，通过单击这些面板上的名称可展开（或折叠）该面板内容。

优化
历史记录
刷齐

页面
状态
图层

样式
调色板
样本

文档库
公用库

图 9-10　Fireworks 组合面板

原始　预览　2幅　4幅

图 9-9　窗口的 4 种显示模式

7. 属性面板

属性面板位于界面下方，如图 9-11 所示。当选择对象或选取工具时，其相关信息都会在属性面板中显示出来，同时也可以通过设置或修改属性面板中的数据来调整图形图像的相关属性，如设置对象的大小、位置、色彩等。

图 9-11　Fireworks 属性面板

9.3 Fireworks CS5 操作方法

在 Fireworks CS5 中，打开文档和导入文件是两种不同的操作，其应用也不同。另外，用户可以利用 Fireworks 中丰富的图形工具轻松创作图形图案，本节将通过网站 Logo 制作、动态按钮设计、图像编辑/优化处理等介绍各种 Fireworks 处理工具和操作命令的用法。

9.3.1 打开和导入文件

1. 打开文件

选择"文件"|"打开"命令或单击工具栏上的"打开"按钮，启动"打开"对话框，如图 9-12 所示，用来加载一幅图像或图形文档作为当前编辑文档，该对话框可以打开"PNG"、"JPG"、"GIF"、"PSD"和"TIFF"等各种图形图像文件。

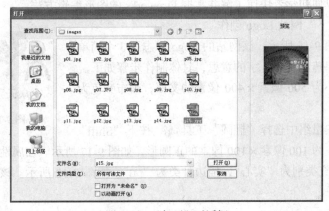

图 9-12 "打开"对话框

2. 导入文件

导入文件将所选图形或图像文件内容按设定的大小及位置插入到当前正在编辑的文档中。选择"文件"|"导入"命令或单击工具栏上的"导入"按钮，启动"导入"对话框，如图 9-13 所示。选择导入的图片文件后，在当前编辑窗口中用鼠标拖曳一个矩形虚框，如图 9-14 所示，则所选图片在其中插入，其大小与矩形一致，如图 9-15 所示。

图 9-13 "导入"对话框

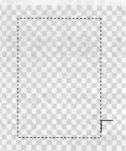

图 9-14　在当前编辑窗口中用鼠标拖曳一个矩形虚框　　　　图 9-15　导入图片

9.3.2　图形对象的绘制及编辑

在熟悉 Fireworks 各种图形、图像工具操作方法的基础上，用户可快速地创作网站 Logo、绘制网页插图及背景图案等。以下两个图形实例的制作过程综合了 Fireworks 多种图形工具及图形处理功能的运用，以便初学者快速了解并掌握 Fireworks 的图形编辑方法。

例 9.1　"众天下"网站 Logo 创作。

本实例效果如图 9-16 所示，该网站的 Logo 标志用 3 个简单人物形象叠加构成，蕴涵"众"字的意思，具体制作步骤如下。

（1）新建一大小为 500 像素×400 像素的文档，画布颜色为白色。

图 9-16　网站 Logo

（2）在工具箱矢量组中选择"椭圆"工具 ，按下"Shift"键，在画布中绘制一约 100 像素×100 像素的正圆形，如图 9-17 所示。在属性面板中设置其填充颜色为"红色"，填充类别为"实心"，描边种类为"无"，如图 9-18 所示。该圆用于表示人物形象的头部。

图 9-17　绘制正圆

图 9-18　属性面板设置

（3）用上述方法另画一个较小的正圆形，在属性面板中设置其为蓝色、实心、无描边格式，使用"指针"工具 移动该小圆到上一步所绘红色圆的左上方作为人物头部的"眼睛"，移动时按下"Alt"键可实现图形复制，用该方法作出人物的另一只"眼睛"，如图 9-19 所示。

（4）再绘制一圆形作为"嘴巴"，并移至"头部"上。选择"部分选定"工具 ，单击"嘴巴"，圆周上出现 4 个空白控制块，如图 9-20 所示。调整最上方的控制块，使之形成"月牙"形"嘴巴"。

图 9-19　绘制"眼睛"　　　　　　　　　　　图 9-20　"嘴巴"制作

（5）框选"头部"所有图形对象，在工具栏中选择"接合"按钮 ⤶，"头部"的"眼睛"及"嘴巴"变成"镂空"效果，如图 9-21 所示。

（6）再绘制一约 50 像素 × 50 像素的红色圆形，在工具箱矢量组中选择"切刀"工具 ⬇，在该圆周上的左右两边圆周上分别单击一下生成切割点，此时圆形被切割成两个半圆。使用"指针"工具 ↖ 在空白处单击以撤销选择状态，然后选择下部半圆并拖移至人物头部作为"头发"，效果如图 9-22 所示。

图 9-21　"镂空"效果　　　　　　　　　　图 9-22　"头发"制作

（7）接着使用"钢笔"工具绘制弓形的人物身形，在工具箱矢量组中选择"钢笔"工具 ✏，通过连续单击"确定"新的控制点形成"路径"。注意点击后不松手并移动鼠标，可带出控制点的切矢（切线矢量）控制轴，调整切矢控制轴可绘制平滑的曲线"路径"。当路径首尾相接时形成闭合的图形，如图 9-23 所示。用"部分选定"工具 ↖ 可再次调整美化该图形，将"身形"移至头部下方，框选所有图形对象，在工具栏中选择"分组"工具 ▦，这样人物各部分便组合成一个整体，如图 9-24 所示。

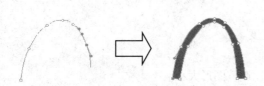 

图 9-23　"人物身形"制作　　　　　　　　图 9-24　单个人物组合

（8）再复制出相同的两个"人物形象"，分别填充为"蓝色"和"绿色"并分别放在红色人物两侧，使用"缩放"工具 ⬈ 调整红色人物比例，使之略大于其他人物。全选 3 个人物，再选择"缩放"工具 ⬈，如图 9-25 所示整体缩放，使之调整成约 140 像素 × 110 像素的图案。

（9）用工具箱矢量组中的"矩形"工具 ▭ 绘制出一矩形，在属性面板中设置其宽为 330 像素，高为 30 像素，"浅灰色"、"实心"、"无描边"。用"文本"工具 T 输出"WWW.ZTX.COM"及"众天

图 9-25　3 个人物组合

下商务信息网"字样，在属性栏中设置这两个文本块为"黑体"、"深蓝色"，字体大小为"30"。用"文本"工具 T 再次选中其中"ZTX"3 个字母，重新设置为"红色"。

（10）将以上图形及文本对象如图 9-16 放置，全选所有对象，在工具栏中选择"分组"工具 ▦ 进行组合，制作完毕，最后将以上结果进行存盘。

提示：

（1）"指针"工具与"部分选定"工具的区别与使用。

"指针"工具 与"部分选定"工具 的按钮图标相似，但功能却不一样。

"指针"工具可以用来选择、移动对象，它将组合的对象视为一个整体对象来选择及移动。指针工具组中还有一个"选择后防对象" ，主要是当多个对象重叠时，可以用来选择处于底层的对象。

"部分选定"工具用来选中组合对象中的单个对象，如两幅已经组合的图片中单选一个；它的另一个功能是用来进行路径的编辑，可以编辑控制点，所以也用于调整钢笔工具画好的路径。

（2）"钢笔"工具 的多种用法。

"钢笔"工具在使用时，经常可以看到"钢笔头"指标旁边附加某一小形状，如"×"、"+"、"–"、"^"、"○"等，这些小图形有不同的用法。

① ×：表示未落笔状态，单击鼠标相当于确定路径线的起点。

② +：增加节点，表示钢笔工具正指向两节点中的边线，单击即可增加新节点。

③ –：删除节点，当钢笔工具移近路径节点，单击即可删除该节点。

④ ^：改变节点类型。用钢笔工具点击生成节点后不松手并移动鼠标可生成曲线路径，此时路径上的节点为曲节点，钢笔工具移近该类节点时显示"^"，单击即可把曲节点变成直节点。

⑤ ○：表示该节点就是路径起点，单击即连接成闭合路径，即路径首尾相接。

绘制路径时，如不想生成闭合路径，在最后节点处双击即生成断开路径。另外，修改路径时，也用部分选定工具选择节点，通过键盘上的"←"、"↑"、"→"、"↓"键可精确调整节点位置，每次将移动1个像素。

（3）"缩放"工具 的用法。

"缩放"工具用于缩放及旋转对象，选择对象后单击缩放工具时，对象的周围出现一个虚线矩形框及6个控制节点，将鼠标置于控制点或虚线框外部时，鼠标将变成各种箭头，用于实现对象的各种缩放功能。

① ↔：点击鼠标并移动可调整图形的宽度。

② ↕：点击鼠标并移动可调整图形的高度。

③ ↘或↙：点击鼠标并移动可按原宽高比调整图形大小。

④ ↻：鼠标位于虚线框外部，点击鼠标并移动可实现图形的旋转。

调整图像的大小或旋转效果后，在虚线框内部双击鼠标可确定该效果并结束图形的控制状态。

例 9.2　补间图形创作。

Fireworks 支持图形对象转换为元件，这样可以通过"补间实例"功能实现图形间的渐变过渡效果，如图 9-26 所示，其制作过程为如下。

（1）新建文档，画布背景为白色。

（2）选择"钢笔"工具，如图 9-27 所示绘制一曲线。在属性面板上设置该曲线为"红色"、"笔尖大小"为1，"描边种类"为"基本/柔化线段"。

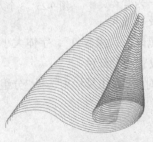

图 9-26　补间图形　　　　　　　　　　　　图 9-27　初始图形

（3）选择"修改"|"元件"|"转化为元件"菜单命令（或按快捷键"F8"），在弹出对话框中单击"确定"，如图 9-28 所示，将曲线转化为图形元件。

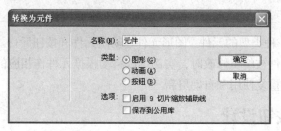

图 9-28　"转换为元件"对话框

（4）复制该图形元件，将新的元件移开一段距离，并用"缩放"工具对其作缩放及旋转变形，如图 9-29 所示。

（5）选择"修改"|"元件"|"补间实例"菜单命令（或按快捷键"Ctrl+Alt+Shift+T"），在"补间实例"对话框中设置"步骤"为 50，如图 9-30 所示。这样便生成两元件间 50 个中间渐变的实例。

图 9-29　两个元件

图 9-30　"补间实例"对话框

（6）保存该补间图形文件。

用相似的"元件补间"方法可以产生各种有变化规则的图形效果，如图 9-31 至图 9-33 所示。

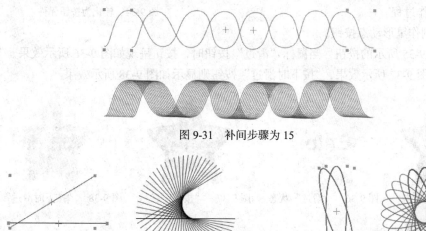

图 9-31　补间步骤为 15

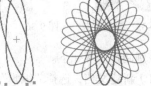

图 9-32　补间步骤为 25　　　　　　　图 9-33　补间步骤为 10

提示　元件的作用。

Fireworks 提供了 3 种类型的元件：图形元件、动画元件和按钮元件。在文档中引用元件生成的对象称作实例。当元件被编辑修改时，实例可以自动根据元件作相应的修改。使用元件和实例可以实现文档中对象的重复使用和自动更新。

9.3.3　动态按钮设计

按钮是网页中常见的元素。通过单击按钮可实现网页间的跳转或实现网页的某种功能行为。

最简单的按钮是用一张按钮图片设置成链接或关联行为构成，但这样的按钮在单击时本身不发生任何变化，用户较难明确按下按钮的操作是否生效。为了便于区分，网页中通常会使用多个相关图片来表示按钮的不同操作状态，这样用户既可以清楚地操作按钮，也使网页显得更生动，这样的按钮称为动态按钮。

使用 Fireworks 中的按钮编辑窗口可以快速完成按钮的创建。在创建不同状态的图形对象时，Fireworks 能够在后台自动完成关联的操作。按钮最多有 4 种不同的状态，具有两种状态的按钮包含"弹起"和"按下"状态；具有 3 种或 4 种状态的按钮还包含"滑过"状态和"按下时滑过"状态。

动态按钮的编辑有两种方法。

（1）直接新建按钮。

选择"编辑"|"插入"|"新建按钮"菜单命令，打开按钮编辑器进行按钮编辑。

（2）将图形对象转换成按钮：选择已绘制的图形对象，选择"修改"|"元件"|"转化为元件"菜单命令（或按快捷键"F8"），如图 9-34 所示，在弹出对话框中确定"类型"为"按钮"，再双击按钮元件进入按钮元件编辑器。

下面以一个星形按钮为例说明 Fireworks 动态按钮的制作过程。

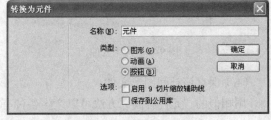

图 9-34　转化为按钮元件

例 9.3　制作星形动态按钮。

制作如图 9-35 所示的按钮，当鼠标"滑过"按钮时，按钮呈现如图 9-36 所示效果、"按下"时按钮呈现如图 9-37 所示效果，"按下时滑过"按钮则显示如图 9-38 所示效果。

图 9-35　普通状态　　图 9-36　"滑过"状态　　图 9-37　"按下"状态　　图 9-38　"按下时滑过"状态

该例制作步骤如下。

（1）新建文档，选择"编辑"|"插入"|"新建按钮"菜单命令，打开按钮编辑器，如图 9-39 所示。该画布用于编辑一个动态按钮，其中蓝色虚线为辅助线，单击画布左上角"页面 1"可返

回原文档页面。

（2）选择"矢量工具组"的"星形"工具 ☆ ，在画布上绘制一五角星对象，如图 9-40 所示。调整星形对象的"圆度 1"控制块，使其各角显得圆滑。

（3）在"属性面板"中设置"填充类别"为"渐变/轮廓"，在"填充颜色"弹出面板中设置"选择渐变色预设值"为"深蓝"，如图 9-41 所示。

（4）选择"文字工具"，用"白色"、" Arial"字体在星形对象上写下"Enter"字样，如图 9-42 所示。

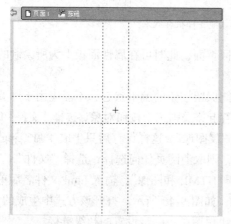

图 9-39 "按钮"编辑模式

图 9-40 绘制五角星对象

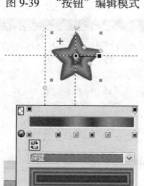

图 9-41 设置五角星渐变色效果

图 9-42 添加按钮文字

（5）用"指针工具"全选所有对象，按"Ctrl+C"组合键进行复制，以上所编辑的图形及文字将作为"弹起"状态的按钮图形，现在将编辑其他状态的按钮图形。

（6）单击空白画布以取消对文字的选择状态。在"属性面板"中选择"状态"下拉菜单中的"滑过"项编辑"滑过"状态的按钮图形，如图 9-43 所示。此时窗口重置为空白画布，按"Ctrl+V"组合键粘贴复制的对象，将其中星形对象的"选择渐变色预设值"设置为"彩色蜡笔"，文本对象设置为"红色"，其效果如图 9-36 所示。

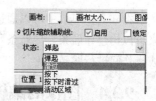

图 9-43 选择"滑过"状态

（7）用相同的方法，设置按钮"按下"状态中星形对象的"选择渐变色预设值"为"蓝"、"黄"、"蓝"，文本对象为"粉红色"；设置按钮"按下时滑过"状态中星形对象的"选择渐变色预设值"为"紫"、"橙"，文本对象为"蓝色"，如图 9-44 所示。这样按钮的 4 种状态全部设置完毕, 通过单击图画下方 "播放/停止" 按钮 ▷ 可以看到按钮 4 种状态之间的动态切换效果。

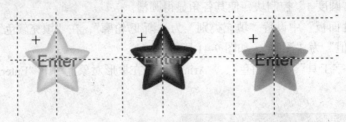

图 9-44　设置按钮其他 3 种状态效果

（8）单击画布左上角 "页面 1" 📄页面1 返回页面, 此时可在属性面板上为所绘制的按钮元件设置超链接。

（9）保存按钮, 直接保存成 ".png" 文件只能保留按钮的编辑状态, 不能应用于网页或其他软件。如想将该按钮的 4 种状态作为 4 幅图像保存起来, 则选中按钮对象, 选择 "文件" | "导出"菜单命令, 在导出对话框中设置 "导出" 方式为 "仅图像", 这样保存后只生成 4 幅 ".jpg" 图像, 如图 9-45 所示。如想同时保存该按钮所在网页, 则取消网页任何选择, 选择 "文件" | "导出"菜单命令, 在导出对话框中设置 "导出" 方式为 "HTML 和图像", 输入 html 文件名后单击 "保存"生成网页文件及所有背景及按钮的相关图像, 如图 9-46 所示。打开该方式中生成的 html 网页文件, 可以看到按钮已实现了动态效果, 而且也保留了上一步设置的超级链接。

图 9-45　"仅图像" 按钮导出

图 9-46　"HTML 和图像" 导出

在 Fireworks 中可以通过复制及修改按钮快速创建风格相同的多个按钮, 将这些按钮组合起来可以构建导航条。导航条可以看成一系列风格相同的按钮, 用于在一系列具有相同级别的网页或操作间进行跳转。

9.3.4　图像的编辑及特效处理

由于编辑矢量图图形对象和位图图像对象是两种完全不同的方式, 故 Fireworks 分别为矢量图图形对象和位图图像对象提供了两种不同的编辑模式, 这两种编辑模式具有不同的命令和工具。

1. 位图编辑工具

对于位图图像，Fireworks CS5 主要提供了"选取框工具组"、"套索工具组"等 8 个工具组，如图 9-47 所示，这些工具具备了对图像的常规编辑功能。由于这些工具与图像处理软件 Photoshop CS5 中的相同工具的用法基本一致，所以这里不重复介绍工具的使用，读者可参考第 10 章中介绍的 Photoshop CS5 的操作方法。

图 9-47　位图编辑工具

2. "滤镜"功能

滤镜主要是用来实现图像的各种特殊效果。Fireworks 菜单栏的"滤镜"菜单具有"杂点"等 5 类滤镜组，提供了"查找边缘"等 18 种滤镜特效，如图 9-48 所示。

除了直接使用"滤镜"菜单，选择了图像对象后，在"属性面板"上也提供了滤镜功能，如图 9-49 所示，单击 🔧 可直接增加动态效果，该方法提供的滤镜组比"滤镜"菜单上的更多。如图 9-50 所示的几个效果图显示了 Fireworks 的滤镜特效。

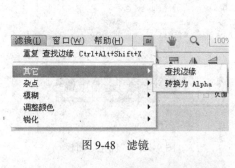

图 9-48　滤镜

图 9-49　属性面板上的滤镜功能

（a）原图　　　　　（b）查找边缘效果　　　　（c）内斜角效果　　　　（d）光晕加投影效果

图 9-50　滤镜效果图

在选择滤镜功能时，Fireworks 提供了相关的设置面板以设置精确系数，如图 9-51 所示。当用户要取消某一滤镜特效时，在已有滤镜下拉菜单中选择一滤镜项，单击上方"−"按钮进行删除，如图 9-52 所示。

图 9-51　滤镜系数设置　　　　　　　　　图 9-52　滤镜删除功能

提示　Fireworks 的滤镜功能也适用于矢量图形。

9.3.5　图像优化方法

对图像的优化就是在减少图像颜色，对图像数据进行压缩以及保证图像质量三者之间取一个最佳效果。

文档编辑窗口顶部有 4 个视图模式选项卡，如图 9-53 所示。其中"原始"为默认显示模式，也是文档的编辑模式，其他视图模式不支持编辑，只是导出前的预览；"预览"模式为单幅显示；"2 幅"模式为 2 窗口比较；"4 幅"模式为 4 窗口比较。

Fireworks 在图像导出前对图像进行优化，具体操作如下。

（1）选择"窗口"|"优化"命令，打开"优化"面板，如图 9-54 所示。该面板可实现对图像格式、颜色数等优化系数的设置。

图 9-53　4 个视图模式　　　　　　　　　　　　　图 9-54　"优化"面板

（2）选择"4 幅"视图模式显示图像，除左上角窗口外，逐幅选择其他 3 个窗口并设置优化系数，可得到各图优化后的外观、数据量和下载速度等数据，如图 9-55 所示。

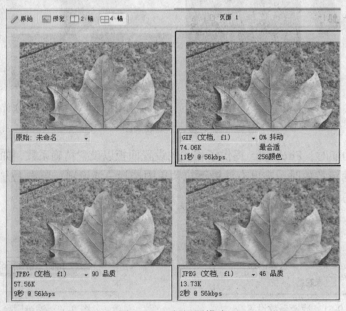

图 9-55　4 幅视图模式

（3）选择其中一幅自己认为最佳的优化窗口，用"文件"|"导出"命令（或 ➡ 菜单按钮）将其导出为磁盘图像。

9.4　Fireworks CS5 的网页应用

切片和热点在 Web 网页制作中是两个不可缺少的工具：使用切片可以实现网页大图片的快速下载；通过设置热点可以在一幅图中实现多个 URL 链接。此外，使用 Fireworks CS5 还可以直接设计出精美的网站首页。

9.4.1　切片与热点

在 Fireworks CS5 的"Web"工具组中，"切片"工具 ▨ 与"热点"工具 ▧ 是 Web 制作中两种重要的工具。

1. 切片

当网页中的插图较大时，在浏览器中下载就会耗费较长的时间。为避免这种情况，可将较大的图像分割成多幅较小的图像再拼接在网页中，这样以小图像方式来缩短网页的下载时间。从大图像上分割出的小图像就称为切片。

打开一图像文件，选择"Web"工具组的切片工具 ▨，在图布上框画出一个矩形区（中间绿色区域），这样图像由红色分割线划分成 5 个切片，如图 9-56 所示。其中绿色矩形区为切片控制区，拖移该区位置或调整其 4 条边框线可调整大图的切片方式。在切片控制区外点击鼠标，选择"文件"|"导出"命令或 ➡ 按钮，在"导出"对话框中默认"导出"方式的设置是"HTML 和图像"，该方式除了生成切片图像，还生成由这些切片拼接成大图的一个网页，如图 9-57 所示，其中切片效果如图 9-58 所示。如用户不需要网页，则将"导出"方式设为"仅图像"。

图 9-56　切片划分

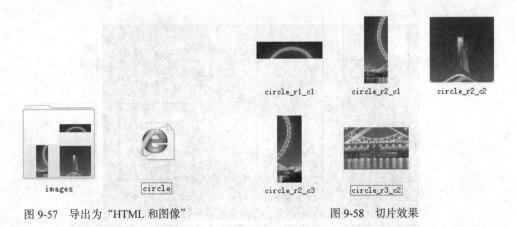

图 9-57　导出为"HTML 和图像"　　　　图 9-58　切片效果

2. 热点

热点的使用可以使网页中的一幅插图实现多个超链接。Fireworks 提供"矩形"、"圆形"及"多边形"热点工具以方便在图像上制定不同形状的链接区。下面以"矩形热点"为例介绍热点工具的使用。

在上述切片例子的基础上，使用 矩形热点工具，在图上框画出一蓝色的矩形区域，如图 9-59 所示。在属性面板的"链接"项中输入 URL，如"http://www.baidu.com"，导出为 HTML 网页后，网页图片中该区域就实现了超链接功能，如图 9-60 所示。

图 9-59　矩形热点设置

图 9-60　超链接实现

9.4.2　构建网站首页

Fireworks CS5 基于其突出的 Web 页元素编辑功能，它特别适合于设计精美的网站首页。这类首页的页面结构简明，但画面美观，能给人留下深刻的视觉印象。

以下以一个简单的商务网首页为例介绍 Fireworks CS5 构建网页的方法。

例 9.4　商务网首页设计。

制作如图 9-61 所示商务网站首页效果，其中鼠标移至按钮上方时按钮产生的动态效果如图 9-62 所示。

图 9-61　商务网首页

图 9-62　动态按钮

该例设计过程如下。

（1）制作网页图片及按钮元素。

该网页的插图主要使用第 9.3.2 节介绍的"众天下"网站 Logo（图 9-16）以及补间图形（图 9-32）。另外，准备 4 组用于动态按钮的小图片，如图 9-63 所示。

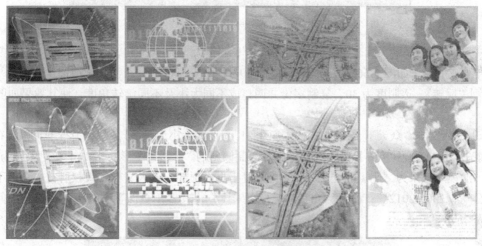

图 9-63　用于动态按钮的 4 组图片

（2）建立网页背景图。

① 新建空白画布，宽度为 1 024 像素，高度为 600 像素，画布颜色为深蓝色（"#000033"）。

② 选择"矢量"工具组的"矩形"工具绘制一个 1 024×100 的矩形，在属性栏中将其设置填充颜色为蓝色，纹理为水平线 4，如图 9-64 所示。复制该矩形对象，分别调整成 900×160 及 1 024×25 的矩形对象，如图 9-65 所示置于页面上。

图 9-64　设置矩形填充属性

图 9-65　矩形对象放置效果

③ 如图 9-66 左上角所示，绘制一大小为 150×75 的矩形，设置为白色无边框，复制例 9.1 中的网页标志，调整大小为 145×70，并将之置于白色矩形块上方。

图 9-66　网页 Logo 及背景元素设置

④ 再单独复制网页标志中 3 个"人物形象"，调整大小为 70×50，透明度为 30，将其复制多份并排列成一行，如图 9-66 下方所示。复制图 9-32 的"补间图形"，添加"滤镜"效果为"调整颜色"|"反转"，透明度为 30，复制多份并调整成不同大小及不同旋转角度，使其效果如图 9-61 所示。

⑤ 输入文本"众天下，助你成为顶级网商！"，设置大小为 36 号，字体为行书（如没有行书则用隶书代替），如图 9-67 所示。用钢笔工具绘制倾斜的"下划线图形"，将以上两对象设为红色，添加"滤镜"效果为"阴影和光晕/投影"，并置于页面顶部。输入文本"版权所有：众天下商务有限公司，2005-2012。"，设置为白色 18 号字宋体，将其置于页面下方蓝色矩形带的中间，如图 9-68 所示。

图 9-67　网页标语

图 9-68　网页版权信息

（3）设置导航器按钮。

① 插入图 9-63 上一行的按钮图片并排列在页面中间的蓝色矩形区上，输入 4 段 22 号白色宋体文本"最新咨询"、"业界新闻"、"投资快道"和"注册加盟"作为按钮文本，分别配上一个 158×34 的红色矩形块作背景，调整各对象，使之排列整齐，如图 9-69 所示。

图 9-69　插入按钮图片

② 选择第一个按钮图及按钮文本，按下快捷键"F8"，弹出"转换为元件"对话框，设置类型为"按钮"，将其转换成按钮元件。

③ 双击按钮元件进入按钮编辑模式，按钮默认状态为"弹起"，复制该状态下按钮中的文本块，点击非按钮区域，在属性面板中的"状态"下拉菜单中选择"滑过"，如图 9-70 所示。在"滑过"状态下粘贴按钮文本块，插入图 9-63 下行左端第一个图片，用菜单栏上的  工具将图片及文本组合成一起，并为其添加"投影"滤镜效果，如图 9-71 所示。调整好该对象的位置。（可将"弹起"状态中的对象复制过来辅助调整再将其删除，如图 9-72 所示）

图 9-70　选择"滑过"

图 9-71　"弹起"状态的按钮图

图 9-72　复制"弹起"状态中的对象以方便图片对齐

④ 将"弹起"状态中的对象复制到"按下"和"按下时滑过"状态模式中。

⑤ 用相同的方法制作出其他 3 个按钮元件。单击图窗左上角"页面 1"切换至"页面"模式，通过红色分割线调整各按钮元件的切片区域，即绿色区域，使各按钮元件各切片区两两相邻，如图 9-73 所示。选择各按钮元件，在属性面板的"链接"对话框上输入相应的 URL。

图 9-73　调整各按钮元件的切片区域

⑥ 选择"文件"|"导出"命令导出该网页，在导出对话框上设置文件名为"fireworkspage.htm"，导出类型为"HTML 和图像"，单击"保存"按钮，即生成网页文件和相关图像切片，如图 9-74 所示。

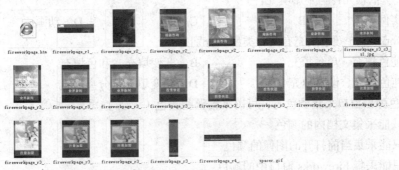

图 9-74　网页及切片导出

小　结

Fireworks CS5 是一种真正的网页图形图像处理软件，与 Dreamweaver 结合很密切。它主要用于设计网页图案图形，也可用于动态按钮、优化/切割图片、热点设置等网页元素的处理，甚至直接用于制作精美的网站首页。本章主要介绍 Fireworks CS5 的操作特点和常用工具的操作方法，重点讲解了网页 Logo 制作、动态按钮、切片和热点及 Fireworks CS5 网站首页的制作方法。

作业与实验

一、单选题

1. 在 Fireworks CS5 中保存现有文件时，文件的默认格式是（　　）。
   A．.png　　　　　　B．.jpg　　　　　　C．.gif　　　　　　D．.psd

2. 矢量图形的形状由（　　）确定。
   A．路径上的点　　　B．像素　　　　C．像素和路径　　　D．矢量手柄

3. 对矢量图和位图执行放大操作，则（　　）。
   A．对矢量图和位图的质量都没有影响
   B．矢量图无影响，位图则出现马赛克或变模糊
   C．位图无影响，矢量图则出现马赛克或变模糊
   D．矢量图和位图的质量都受影响

4. 要创建位图图像，则（　　）。
   A．用位图工具绘图和绘画　　　　　　B．将矢量对象转换成位图图像
   C．打开或导入位图图像　　　　　　　D．以上都可以

5. Fireworks CS5 中通过选择（　　）命令新建一个按钮文件。
   A．"编辑" | "插入" | "新建元件"
   B．"文件" | "插入" | "新建元件"
   C．"编辑" | "查找" | "新建元件"
   D．"文件" | "查找" | "新建元件"

6. （　　）依赖元件但不影响元件。
   A．实例　　　　　　B．表单　　　　　C．库　　　　　　D．动画

7. Fireworks CS5 颜色填充有两种类型，分别是（　　）。
   A．纯色填充、单色填充　　　　　　　B．渐变填充、和色填充
   C．纯色填充、渐变填充　　　　　　　D．渐变填充、分离填充

8. 从颜色弹出窗口采集颜色时，可以采集哪些颜色（　　）。
   A．只能采集文档内的颜色
   B．只能采集当前打开的图像的颜色
   C．只能采集 Fireworks 窗口中的颜色
   D．可从屏幕的所有位置采集颜色

二、问答题

1. 在 Fireworks CS5 中，打开文档与导入文档有什么不同？

2. 简单介绍一下什么是热点和切片以及它们的功能是什么。

三、实验题

1. 参照例 9.2，制作图 9-31、图 9-32 和图 9-33 的补间图形效果。

2. 为你所在的班级设计一个班级 Logo，既能体现本专业特点，又能体现努力、团结、向上的集体精神。

3. 参照 9.4.2 小节"构建网站首页"案例，用 Fireworks CS5 为你所在的班级设计网站首页。要求网页具有"班级介绍"、"获奖情况"、"点滴回顾"和"同学留言"等风格一致的 4 个动态按钮。

第10章

图像处理工具 Photoshop CS5

- 了解像素与图像的相互关系
- 掌握 Photoshop CS5 中创建、编辑图像的基本方法
- 掌握 Photoshop CS5 中工具箱各种工具的操作方法
- 掌握用 Photoshop CS5 设计制作网页特效字、网页按钮的方法
- 理解 Photoshop CS5 图层的用途，掌握运用图层将多幅图片合并处理的方法

10.1 Photoshop CS5 基础知识

Photoshop CS5 是专业的图像处理软件，它功能强大，操作界面友好，广泛应用于照片处理、彩色出版、平面设计及多媒体设计等众多领域，也是网页设计中必不可少的图像处理软件。

10.1.1 图像基本概念

1. 图像像素大小

图像像素大小指一张位图在宽和高两个方向上的像素数目的乘积。Photoshop 支持的图像最大像素大小为：300 000 像素 × 300 000 像素。

2. 图像分辨率

图像中每单位打印长度上显示的像素数目，通常用像素/英寸（ppi）表示。在 Photoshop 中，图像的分辨率可以自行设定。如对用于屏幕显示的图像，分辨率一般设置为 72ppi；而对用于印刷的图像，通常要求分辨率至少要达到 300ppi。

3. 图像颜色

图像文件按像素的颜色数可分为单色图、16 色图、8 位灰度图、8 位索引图和 24 位真彩图，详见第 9 章的介绍。

10.1.2 PhotoshopCS5 概述

Photoshop 是美国 Adobe 公司在 1990 年首次推出的一款功能强大的图像处理软件。自推出以来，Photoshop 广泛应用于平面设计和彩色印刷等行业上，成为 Windows 计算机及 Mac 苹果机上运用最为广泛的图像编辑应用程序。随着 Adobe 公司的不断发展，Photoshop 版本也不断升级，功能不断完善，在计算机图像处理及平面设计领域中一直占据领先地位。

2010 年 4 月，Adobe 公司推出最新版本 Photoshop CS5，相对以前版本其功能更加完善，能

支持 3D 和视频流、动画及深度图像分析，应用领域也从平面设计、广告设计、展示形象设计、网页设计发展到服装设计、三维材质的制作、建筑效果图后期处理、摄影效果后期处理等领域。Photoshop CS5 中拥有大量可以自行设置的创新工具，提供了一组丰富的图形工具，可用于数字摄影、印刷器制作、Web 设计和视频制作。用户可以根据个人的不同需求设置符合自己所需的工具，可提高工作效率，制作出适用于打印、Web 和其他用途的最佳品质的专业图像。

10.1.3　Photoshop CS5 工作界面介绍

Photoshop CS5 安装完成后，执行 Windows 任务栏里的"开始"|"程序"|"Photoshop CS5"菜单命令，或双击桌面上 图标，即可启动 Photoshop CS5，进入其工作界面。

Photoshop CS5 的工作界面主要由标题栏、菜单栏、工具选项栏、工具箱、图像编辑窗口和控制面板等几部分组成，如图 10-1 所示。

图 10-1　Photoshop CS5 工作界面

1. 标题栏

Photoshop CS5 的标题栏除了提供本窗口的最小化、最大化/还原和关闭按钮外，还设置了一些切换按钮，用以快速切换不同的视图或工作区显示模式。视图模式有"全屏模式"、"显示比例"、"网格"及"标尺"等，工作区模式则有"基本功能"、"设计"、"绘画"及"摄影"等模式。

2. 菜单栏

菜单栏用于完成图像处理的各种操作和设置，各个菜单项的主要作用如下。

① "文件"菜单：用于对图像文件进行操作，包括文件的新建、保存和打开等。

② "编辑"菜单：用于对图像进行编辑操作，包括剪切、复制、粘贴和定义画笔等。

③ "图像"菜单：用于调整图像的色彩模式，色调和色彩以及图像和画布大小等。

④ "图层"菜单：用于对图像中的图层进行编辑操作。

⑤ "选择"菜单：用于创建图像选择区域和对选区进行编辑。

⑥ "滤镜"菜单：用于对图像进行扭曲、模糊、渲染等特殊效果的制作和处理。

⑦ "视图"菜单：用于缩小或放大图像显示比例，显示或隐藏标尺和网格等。

⑧ "窗口"菜单：用于对 Photoshop CS5 工作界面的各个面板进行显示和隐藏。

⑨ "帮助"菜单：用于为用户提供使用 Photoshop CS5 的帮助信息。

3. 工具箱

工具箱中提供了图像绘制和编辑的各个工具。要使用工具箱上的某个工具时，则单击工具箱相应工具按钮。图 10-2 列出了工具箱各主要工具的名称、用途及相关工具组功能。某些按钮右下角如附带黑色小三角形 ，按住该按钮可弹出相应子工具组提供同类功能的工具，如按住"套索工具"按钮不放，如图 10-3 所示，弹出 3 个同类工具。

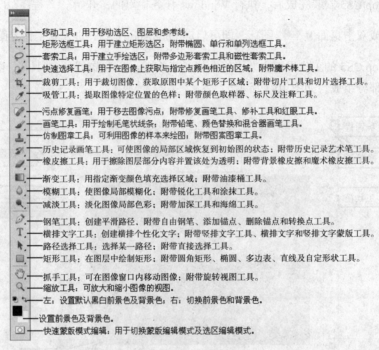

图 10-2　工具箱工具介绍

4. 工具选项栏

工具选项栏用于对当前所选工具进行参数设置，从工具箱中选择了某个工具后，工具选项栏将显示出该工具相应的参数设置选项。

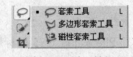

图 10-3　子工具组

5. 控制面板

控制面板默认显示在工作界面的右侧，也称为"浮动面板"，其作用是设置和修改图像的各种选项，如图 10-4 所示。Photoshop CS5 根据各种功能的分类提供了如颜色面板、色板面板、样式面板、调整面板及导航器等 22 种面板。

图 10-4　工具箱工具介绍

Photoshop CS5 的控制面板在使用时非常灵活，用户可以根据需要进行伸展、收缩、组合或拆分。

对于图标状态的面板，单击该面板图标或图标顶部的"展开面板"按钮 ，可以将该面板的功能全部展示出来。

（1）对于已展开的面板，单击其顶部的"叠折为图标"按钮 ，则可将该面板收缩为图标状态。

（2）若要单独拆分面板时，可以直接按住鼠标左键选中对应的图标或面板窗口，然后将其拖至工作区中的空白位置。

（3）若要重新组合面板，则按住鼠标左键将面板图标或面板窗口拖至所需位置，直至该位置出现蓝色光边时释放鼠标左键，即可完成面板的组合操作。

最常用面板是"导航器"、"历史记录"、"图层"和"颜色"面板，以下介绍它们的功能及作用。

①　"导航器"面板：用于查看图像显示区域和缩放显示图像。该面板下方提供了"缩小"、"放大"按钮及缩放滑块。

②　"历史记录"面板：用于记录用户所做的每一步操作，通过单击历史记录的某一项，可将当前操作恢复到该操作时的状态。

③　"图层"面板：用于对图层的编辑和管理操作。

④　"颜色"面板：用于设置前景颜色的 R、G、B 3 颜色分量的值。

6．图像编辑窗口

图像编辑窗口相当于 Photoshop CS5 的工作区，新建空白画布或打开已有图片后，所有的图像处理操作都是在该窗口中进行。

10.1.4　Photoshop CS5 操作特点

1．基于图层的图像编辑模式

Photoshop CS5 中，图层类似投影胶片，一幅效果图通常由多张图层合并构成。"图层"控制面板上直接提供了对图层的选定、位置调整、新建、复制、删除和图层特效等操作方法。

2．以选区及图层为主要编辑对象

当前图层上有设置选区时，编辑对象通常为该选区内的图像内容。Photoshop CS5 拥有多种选区工具，极大地方便了用户的不同要求，多种选区工具还可以结合起来选择较为复杂的图像。 图层上没有选区时，操作对象通常为当前图层全部内容。

3．编辑操作步骤可视化及可控化

Photoshop CS5 中对每一步操作都记作一个记录，并显示于"历史记录"控制面板中。用户如不满意当前操作结果，可随时恢复到整个操作过程中的任一位置重新操作。

4．丰富的特效处理及大量的快捷键操作

Photoshop CS5 提供大量精彩的色彩调整及滤镜特效功能，学习者只有通过各种图像编辑练习才能领会各种效果的用途。同时系统提供了大量的操作快捷键，熟练使用快捷键可大大提高编辑效率。

10.2　Photoshop CS5 基本操作

Photoshop 最常用的操作对象之一是图层，最常用的操作工具之一是套索工具，最常用的效果处理之一是羽化处理。本节通过图像羽化、图层组合及图像融合实例认识 Photoshop CS5 的最基本操作方法。

10.2.1　图像羽化

创建选区时设置了"羽化"可使图像选区的外周产生颜色渐退的艺术效果，它是图像处理中一种常用的编辑方法。

例 10.1　梦幻海城。

该例为蓝色海域中隐现的城市楼群设计一个"羽化"边缘，既突出图像中心内容，又产生一种梦幻的意境。该例的素材图如图 10-5 所示，其效果图如图 10-6 所示。

图 10-5　海景原始图

图 10-6　羽化效果图

操作步骤如下。

（1）选择"文件"菜单下的"打开"对话框，选择素材目录"photoshop/例 1 图像羽化"下的"海景.jpg"图像文件。

（2）如图 10-7 所示，单击"导航器"控制面板下方的"缩放"按钮，将图像窗口缩放成 66.7% 的显示比例。

（3）在工具箱中选择"椭圆选框工具" ○，在工具选项栏中设置"羽化"量为 25px，如图 10-8 所示，再在图像窗口中拖曳出一椭圆选区，如图 10-9 所示。

图 10-7　"导航器"的"缩小"操作

图 10-8　工具选项栏"羽化"值设置

（4）按下"Shift"键，再在该椭圆周围添加几个椭圆选区，如图 10-10 所示，相连接的选区会合并成一个。

图 10-9　拖曳一椭圆选区

图 10-10　多个椭圆选区合并

（5）点击"选择"菜单下"反向"命令（快捷键"Ctrl+Shift+I"），反选上一步所得选区，如图 10-11 所示。再按"Delete"键删除当前选区的图像内容，使之呈现白色背景色，效果如图 10-12 所示。

图 10-11　反选当前选区

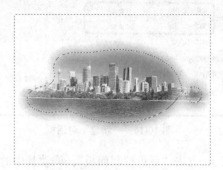
图 10-12　删除选区中的图像内容

（6）点击图像窗口以取消选区（快捷键"Ctrl+D"），选择"文件"菜单下的"存储为"对话框，保存当前效果图。

（1）在创建一个选区后，按住"Shift"键再绘一选区时可得到两选区的合并区；按住"Alt"键则可得到两选区的减区；同时按住"Shift"和"Alt"键则可得到两选区的交叉区。该组操作也可通过单击工具选项栏的□□□按钮实现。

（2）创建选区羽化效果时，应先设置选框工具的羽化值再绘制选区，羽化值越大，选区边缘过渡越平缓。

10.2.2　图层组合

例 10.2　汉堡超人。

该例通过"汉堡"图片及相关素材图组合成一个生动可爱的"汉堡超人"形象，如图 10-13 所示。

图 10-13　"汉堡超人"素材图及效果图

操作步骤如下。

（1）依次打开"photoshop/例2 图层组合"下的"附件.jpg"文件和"汉堡包.jpg"图像文件。

（2）选择"文件"|"新建"命令（快捷键"Ctrl+N"），弹出"新建"对话框，如图 10-14 所示。设置"宽度"和"高度"分别为 640 和 420 像素（像素单位在数值后面选择），单击右上"确定"按钮新建一空白图像窗口，如图 10-15 所示。

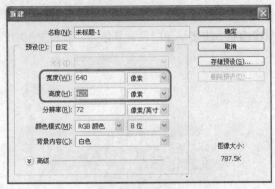

图 10-14 "新建"对话框

图 10-15 新建空白图窗

（3）点击"颜色控制面板"，调动其中的"滑动块"，设置前景色为淡红色，R、G、B 颜色值分别为 255、215、255，如图 10-16 所示。在工具箱中选择"油漆桶工具" ，图 10-17 所示。点击新建图像窗口空白区将其填充为淡红色背景，如图 10-18 所示。

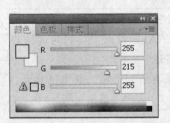

图 10-16 "颜色"控制面板

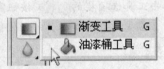

图 10-17 "油漆桶工具"选择

图 10-18 填充图窗背景色

（4）单击"汉堡包"图像窗口将其设为当前窗口，在工具箱中选择"移动工具" ，拖曳"汉堡图"图像内容至新建窗口中再松开鼠标，如图 10-19 所示。"汉堡图"被复制到新建图窗中并作为一个新的图层（由"图层控制面板"可显示），如图 10-20 所示。鼠标再拖曳该新层图像将"汉堡包"位置调整至图窗中央。

图 10-19 使用"移动工具"添加"汉堡"新图层

图 10-20 "图层"控制面板

（5）如图 10-21 所示，在工具箱中选择"魔棒工具" ，在工具选项栏中设置"容差"值为 10 ，单击"汉堡包"白色背景处，将获得整个白色背景的选区，再按住"Delete"键删除选区内容使其变透明，如图 10-22 所示。点击"选择"|"取消选择"（或按"Ctrl+D"组合

键）取消选框。

图 10-21　"魔术棒"选择

图 10-22　删除"汉堡"白色背景

（6）在"附件.jpg"图窗中用"矩形选框"框选眼睛区域，如图 10-23 所示。选择"移动工具"，拖曳眼睛选区至新建窗口松开，移动眼睛至汉堡包上方，如图 10-24 所示。仿照上一步方法去除白色背景，依次将"附件"中的"左手"、"右手"及"鞋子"拖曳至新建窗口并除去白色背景，如图 10-25 所示。

图 10-23　框选眼睛区域

图 10-24　移动"眼睛"

图 10-25　移动其他附件

（7）在"图层控制面板"上，拖曳图层 3（"左手"图层）至图层 1（"汉堡"图层）下方后松手，如图 10-26 所示，使"左手"置去"汉堡"层后方。同样，拖曳图层 4（"右手"图层）至图层 1 下方，如图 10-27 所示，"汉堡超人"至此完成，效果如图 10-28 所示。

图 10-26　下移"图层 3"

图 10-27　下移"图层 4"

图 10-28　"汉堡超人"完成图

（8）保存所作效果图。

10.2.3　图像融合

例 10.3　"神八"焕彩。

该例将"神八"火箭及发射塔架的素材图与 Windows 附带的云彩图进行图像融合，从而产生一种霞光焕彩的环境氛围，更加突出"神八"火箭雄伟气魄。相关素材图为图 10-29 和图 10-30，效果如图 10-31 所示。

图 10-29　神州八号图

图 10-30　云彩图

图 10-31　融合效果图

操作步骤如下。

（1）打开"photoshop/例 3　图像融合"下的"神州 8 号.jpg"和"云彩.jpg"图像文件。

（2）在"云彩"图框中用"矩形选框工具" ⬚ 框选天空区域，如图 10-32 所示。

（3）用"移动工具" ▶✛ 将该选区拖曳至"神八"图窗上，选择"编辑"|"自由变换"（或按快捷键"Ctrl+T"），图块周围出现 8 个空心控制方块，如图 10-33 所示。

图 10-32　框选天空区域

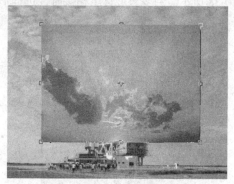

图 10-33　"自由变换"图块

（4）拖动四边或四角的控制块，放大图块至覆盖整个窗口，如图 10-34 所示，双击块内区域确定编辑结果。

图 10-34　放大图块

（5）在"图层控制面板"中拖曳"图层 1"至面板右下角 ⬚ 上松手，如图 10-35 所示，生成"图层 1 副本"图层，即复制了图层 1。

（6）选择"图层 1"，在面板上的"不透明度"项右方">"按钮单击并调动滑动块至"20%"，如图 10-36 所示。

图 10-35　复制"图层 1"

图 10-36　设置透明度

（7）选择"图层 1 副本"，如图 10-37 所示。在工具箱中选择"多边形套索工具" ，在工具选项栏中设置"羽化"值为 100 羽化: 100 px ，在当前图窗上点击绘制一"爆炸状"多边形，如图 10-38 所示。当多边形首尾相接时，选框形状变为椭圆形，如图 10-39 所示。

图 10-37　选择"图层 1 副本"图层

图 10-38　绘制"爆炸状"多边形

（8）按"Delete"键 2 或 3 次，即重复删除选框内容，效果如图 10-40 所示。

图 10-39　选区形状变椭圆形

图 10-40　删除选框内容

（9）对所得效果图进行另存处理。

提示　　　　设置自由变换时，调整控制空白方块可缩放变换对象。当鼠标置于四边角处控制方块外侧时，鼠标形状变为 ，此时移动鼠标可旋转变换对象。

10.3　Photoshop CS5 人物处理

人物图像的修整和修饰处理是常用的一类图像处理，Photoshop CS5 在该方面体现了非常强大的功能，具体体现在其对色彩、明暗度等灵活的可调控性上和工具箱的一些便利的修饰工具上。本节通过相片常规处理、人物面部美化、人物服饰和人物抠图等操作认识 Photoshop 在人物图像处理上的操作方法。

10.3.1　相片常规处理

1. 相片补光及色彩调整

拍照时，由于相机的性能限制或曝光不足通常会使一些相片显得色彩暗淡，对此，Photoshop

CS5 提供了简便的相片色彩调整功能，调整后的图像色彩更丰富，细节更清楚，更适合相片冲洗或网页应用。

例 10.4　相片补光及色彩调整。

该例的相片原图补光及色彩调整前后对比如图 10-41 所示。

图 10-41　相片原图补光及色彩调整前后对比

操作步骤如下。

（1）打开"photoshop/例 4 相片补光及色彩调整"下的"boy.jpg"图像文件，如图 10-41 所示。

（2）如图 10-42 所示，选择"图像"|"调整"|"曲线"命令（快捷键"Ctrl+M"），在弹出的"曲线"对话框中将曲线调整至如图 10-43 所示效果，单击"确定"按钮，完成相片补光工作，相片图像变得明亮且细节更加清晰。

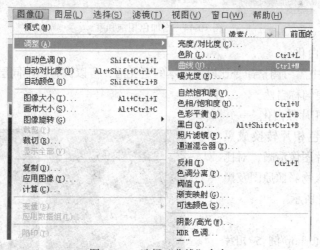

图 10-42　选择"曲线"命令

（3）选择"图像"|"调整"|"色相饱和度"命令（快捷键"Ctrl+U"），在弹出的"色相饱和度"对话框中调整饱和度为"+22"，如图 10-44 所示，单击"确定"按钮，完成相片色彩调整，相片色彩变得更鲜艳、更自然。

（4）对调整后的相片进行存盘。

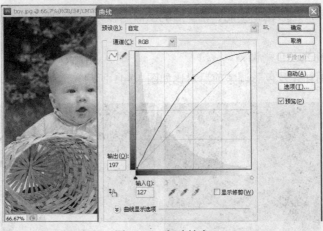

图 10-43　相片补光

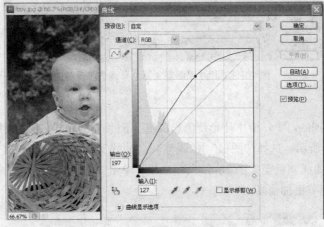

图 10-44　增加色相饱和度

2．彩色相片黑白化

Photoshop CS5 中黑白调整命令比以前版本的更灵活，可以调整出不同层次变化的黑白图像，使图像的颜色分布更匀称自然。

例 10.5　彩色相片黑白化

该例实现将彩色相片转换成黑白相片，转换后相片图像清晰，对比分明，层次感强。人物彩照原图及黑白化效果如图 10-45 所示。

操作步骤如下。

（1）打开"photoshop/例 5 相片去色"下的"长今.jpg"图像文件，如图 10-45 所示。

（2）选择"图像"|"调整"|"黑白"命令（快捷键"Alt+Shift+Ctrl+B"），在弹出的"黑白"对话框中适当调整 6 种颜色值使黑白分布达到满

图 10-45　人物彩照及其黑白化效果

意效果，如图 10-46 所示。由于该图默认的黑白转换效果较"暗淡"，增加"青色"颜色值可使人物衣服更鲜明一些。

图 10-46　"黑白"对话框

（3）对所得黑白相片进行存盘。

3. 黑白相片上彩

在 Photoshop CS5 中，为黑白相片上彩的最简单方法是：依次选择各调色区域，并分别调整各区域的色彩值以获得彩色效果。

例 10.6　黑白相片上彩。

该例实现将黑白相片上彩成彩色相片，处理后相片色彩自然，人物鲜活。人物黑白照原图及上彩后效果如图 10-47 所示。

图 10-47　黑白相片及其上彩效果

操作步骤如下。

（1）打开"photoshop/ 例 6 相片上彩"下的"girl1.jpg"图像文件，如图 10-47 所示。在"导航器控制面板"上设置将图像窗口放大成 200%的显示比例。

（2）选择工具箱的"套索工具组"的"磁性套索工具" ，在女孩帽子边缘上单击然后沿帽子边缘移动，即自动生成选择路径，对边缘不清晰的地方则点击鼠标以确定经过位置，如图 10-48 所示。

（3）按下"Shift"键，用以上方法在图中增加"裙子"选择区域，注意小手夹缝中仍有部分衣服区要选中，如图 10-49 所示。

图 10-48　磁性套索工具选择帽子

图 10-49　加选裙子区域

（4）选择"图像"|"调整"|"色彩平衡"命令（快捷键"Ctrl+B"），在弹出的"色彩平衡"对话框中适当调整颜色分量值，使"帽子"及"裙子"添加某种色彩，如图 10-50 所示调整方案，色阶为"−16、−34、100"，可使"帽子"及"裙子"呈粉蓝色。

图 10-50　为帽子及裙子上彩

（5）用磁性套索工具选择女孩"脸部"及"肩部"区域，按下"Shift"键，依次选择"手臂"及"脚丫"区域，按下"Alt"键，在"手臂"区域中除去小手夹缝中的衣服区域，选择"色彩平衡"命令，如图 10-51 所示调整色彩平衡，色阶为"+64、0、−22"，使选区呈自然肤色。

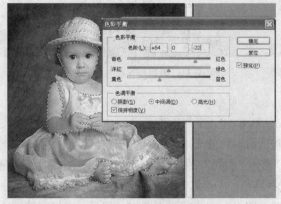

图 10-51　添加肤色

（6）用相同方法选择"嘴唇"区域，选择"色彩平衡"命令，如图 10-52 所示，设置色阶为"+76、−36、0"，为嘴唇添加红润色泽。

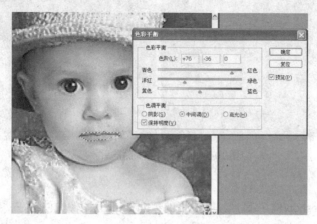

图 10-52　添加唇色

（7）选择女孩整个轮廓，选择"色彩平衡"命令，点击"选择"|"反向"命令（快捷键"Ctrl+Shift+I"），使选区为除人物外围区域，选择"色彩平衡"命令，如图 10-53 所示，设置色阶为"−20、+60、0"，"地毯"变成墨绿色。

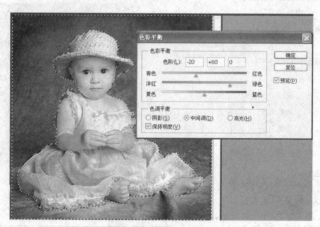

图 10-53　添加"地毯"颜色

（8）对所得彩色相片进行存盘。

10.3.2　人物面部美化

1. 斑点去除

Photoshop CS5 中对图像中存在的个别污点或人物面部明显斑点可用"污点修复画笔工具"快速去除。

例 10.7　斑点去除。

该例用"污点修复画笔工具"实现小女孩脸部的斑点去除，面部斑点处理前后效果如图 10-54 所示。

图 10-54　面部斑点去除前后效果

操作步骤如下。

（1）打开"photoshop/例 7 斑点去除"下的"girl2.jpg"图像文件，在"导航器控制面板"上将图像窗口设置成 200%的显示比例，如图 10-54 所示。

（2）在"工具箱"中选择"污点修复画笔工具" ，如图 10-55 所示，在工具选项栏中设置"画笔直径"为 11，使画笔笔触大于斑点大小。如图 10-56 所示，鼠标在人物面部斑点处单击或画上一笔，斑点即可去除，该处呈自然肤色，效果如图 10-54 所示。

图 10-55　设置画笔直径

图 10-56　点击斑点处

（3）对修复效果图像进行存盘。

2. 面部美化

"污点修复画笔工具"能快速除去人物面部的个别斑点，但当相片人物面部存在大量斑点或皱纹时，用"污点修复画笔工具"就显得力不从心了。此时 Photoshop CS5 的"高斯模糊"功能及"历史笔工具"在面部除斑及光滑化上就显示出其神奇的功能。

例 10.8　面部美化。

该例的原始图及效果图如图 10-57 所示。

图 10-57　"面部美化"原始图及效果图

操作步骤如下。

（1）打开"photoshop/例 8 面部美化"下的"girl3.jpg"图像文件。

（2）选择"滤镜"|"模糊"|"高斯模糊"命令（快捷键"Ctrl+F"），在弹出的"高斯模糊"对话框中设置"半径"为 10.0 像素，单击右上"确定"按钮，如图 10-58 所示。

（3）在"历史纪录"控制面板上单击下方的"快照"按钮，建立新快照 1，如图 10-59 所示。点击"快照 1"图像左边方块设其为历史记录画笔的源，如图 10-60 所示。点击历史记录"打开"，将图像恢复到打开状态，如图 10-61 所示。

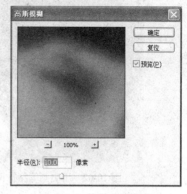

图 10-58　设置高斯模糊

图 10-59　单击"历史记录快照"按钮

图 10-60　设"快照 1"为历史记录画笔的源

图 10-61　恢复"打开"历史记录

（4）选中"历史记录画笔工具"，在工具选项栏中设置"画笔直径"为 35，不透明度为 50%，在女孩面部的皮肤区域进行涂抹，对眼睛、嘴唇等五官及轮廓区域则不用涂抹。可以看到，经历史画笔涂抹处，斑点和皱纹消失，皮肤变得光洁起来，如图 10-62 所示，图 10-63 为"面部美化"最终效果图。

（5）对修复效果图像进行存盘。

图 10-62 历史画笔涂抹面部   图 10-63 "面部美化"效果图

10.3.3 更换人物服饰

例 10.9 更换服饰。

该例运用 Photoshop 的"正片叠底"功能实现模特服饰图案的叠加，该功能也常用于三维造型设计后期的表面纹理叠加。例中的素材图如图 10-64 所示，服饰更换效果如图 10-65 所示。

图 10-64 服饰原图与叠加纹理图   图 10-65 纹理叠加效果

操作步骤如下。

（1）依次打开"photoshop/例 9 更换服饰"下的"模特.jpg"和"纹理.jpg"图像文件。

（2）选择"磁性套索工具" <img>，在"模特.jpg"图窗上选择"衣服"区域，如图 10-66 所示。

（3）在"套索工具"按钮选中的状态下，鼠标拖曳"衣服"区域到"纹理.jpg"图窗上，图窗上出现相同的选区，如图 10-67 所示。

图 10-66 选择"衣服"区域   图 10-67 拖曳复制"衣服"选区

（4）按快捷键"Ctrl+C"复制"纹理"选区内容，选择"模特"图窗，按"Ctrl+V"生成"纹理"选区的新图层（图层2），如图10-68所示。

（5）选择"图层控制面板"中"图层2"，在"图层"标签下选择"设置图层的混合模式" ![正常 ▼]为"正片叠底"，如图10-69所示，模特衣服纹理效果如图10-65所示。

（6）对效果图像进行存盘。

图 10-68　复制"纹理"区域图

图 10-69　设置"图层"混合模式为"正片叠底"

10.3.4　更换人物背景

为相片人物更换背景也称"人物抠图"或"人物抽出"。在 Photoshop CS5 中，人物更换背景有很多方法，最常用的方法是：用"套索工具"特别是"磁性套索工具"将人物对象圈选出，并用"移动工具" ![移动工具图标]将选区拖移复制到背景图窗上即可。但"套索工具"的选择功能在处理人物毛发上却难以施展，尤其对散乱的一丝一缕的头发存在许多镂空或半透明的小区域，手工套索难度很大且效果不佳。Photoshop CS5 之前版本提供了"抽出"滤镜功能实现人物抽出，而 Photoshop CS5 已不直接提供"抽出"滤镜，而是通过新增功能"调整边缘"实现人物抽出。该方法更简便易用，还可以修正白边以及使边缘平滑化，人物抽出效果更自然。

例 10.10　人物抠图。

该例对图 10-70 的人物头相进行抠图，将抽出的头相（即移除了原来灰色的背景）移至图 10-71 所示的海边背景图上，效果如图 10-72 所示。

图 10-70　人物图

图 10-71　背景图

图 10-72　人物与背景的合并效果

操作步骤如下。

（1）依次打开"photoshop/例 10 人物抠图"下的"人物.jpg"和"背景.jpg"图像文件。

（2）选择"人物.jpg"图窗为当前窗口，使用"快速选择工具" "涂画"灰色背景，可将连续的灰色背景区选择为选区，如图 10-73 所示。用相同方法"涂画"其他背景区，可将其他背景区并入选区，如图 10-74 所示，此时工具选项栏中工具状态为 。

图 10-73　选择背景

图 10-74　合并背景选区

（3）按下快捷键"Ctrl+Shift+I"反选选区，此时人物头相为当前选区，继续用"快速选择工具"将一些头发、衣袖等细节区域并入选区，如图 10-75 所示。

图 10-75　精确选区细节

198

（4）在工具选项栏中单击"调整边缘"按钮 调整边缘... ，在弹出的对话框中将边缘检测的"半径"设置为 2.8，如图 10-76 所示。鼠标移至图片边缘检测工具笔触，用该笔触"涂抹"或点击人物外围镂空发丝部位，发丝将自然"抽出"。抽出后效果如图 10-77 所示。

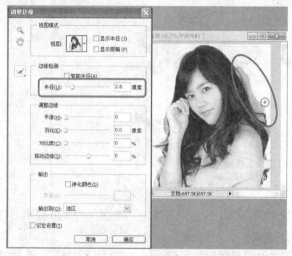

图 10-76　边缘调整

图 10-77　发丝抽出

（5）用相同方法处理整个人物图的镂空发丝部位，整图抽出效果如图 10-78 所示。单击"调整边缘"对话框右下角"确定"按钮，完成人物图背景移除。

（6）用"移动工具" 将抽出的"人物图"拖移至"背景图"，合并效果如图 10-72 所示，其局部的镂空发丝效果如图 10-79 所示，可见抽出后人物的发丝仍保留自然状态，能与背景图很好地融合起来。

图 10-78　人物抽出

图 10-79　合并图局部效果

（7）对所作效果图像进行存盘。

10.4　Photoshop CS5 按钮、特效字制作

在网页设计上，统一协调的按钮、别具风格的特效字让人赏心悦目，大大地提升了网站的品位。本节介绍在 Photoshop CS5 中制作网页常见的元素——按钮和特效字。

10.4.1 按钮制作

例 10.11 造型按钮制作。

该例的素材图及效果图如图 10-80 所示。

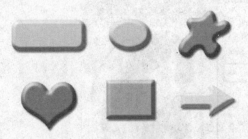

图 10-80 按钮效果图

操作步骤如下。

（1）选择"文件"|"新建"命令（快捷键"Ctrl+N"），新建一"宽度"为 800 像素，"高度"为 600 像素，RGB 颜色模式的空白图窗。

（2）在"图层控制面板"上单击右下"创建新图层"按钮 ，如图 10-81 所示，生成透明的"图层 1"。

（3）在工具箱下方单击"前景色"方块 ，弹出"拾色器（前景色）"对话框，选择一种绿颜色，如图 10-82 所示。

图 10-81 新建图层

图 10-82 设置前景色

（4）在工具箱上选择"圆角矩形工具" ，在工具选项栏中选择"填充像素"模式，矩形圆角半径设置为"20px"。在图窗上圈画一绿色的圆角矩形区，如图 10-83 所示。

图 10-83 框画圆角矩形

（5）在"图层 1"为当前图层状态下，如图 10-84 所示，单击"图层"控制面板下方"添加图层样式" *fx*，在弹出的菜单中选择"斜面和浮雕"命令。如图 10-85 进行参数设置，并勾选左上"样式"下的"投影"选项。圆角矩形按钮效果如图 10-86 所示。

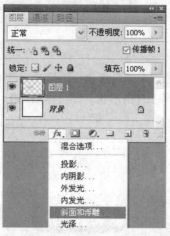

图 10-84　层图"斜面和浮雕"命令

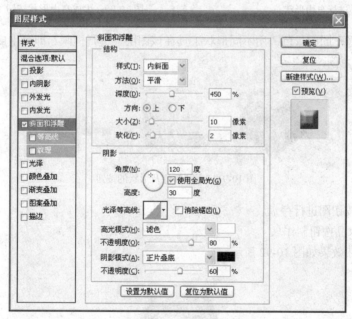

图 10-85　设置"斜面和浮雕"参数

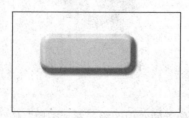

图 10-86　圆角矩形按钮效果

（6）在工具选项栏中选择"椭圆工具" ⬭，在上一步所得的按钮旁框画一椭圆，如图 10-87

所示，立刻生成相同样式的椭圆按钮，如图 10-88 所示。

<table>
<tr><td>图 10-87　框画椭圆</td><td>图 10-88　生成椭圆按钮</td></tr>
</table>

（7）重新设置前景色为粉红色，在工具选项栏中选择"自定义形状工具" 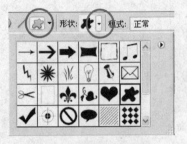，如图 10-89 所示点击弹出"形状"拾色器，选择一自由形状，即可框画如图 10-90 所示的形状按钮。

<table>
<tr><td>图 10-89　选择自由形状</td><td>图 10-90　生成自由形状按钮</td></tr>
</table>

（8）通过选择不同前景色，用不同形状工具在该图层上进行框画，即可生成不同形状的按钮造型，如图 10-91 所示。

图 10-91　不同颜色及形状的按钮

（9）对所作按钮图进行存盘。

例 10.12　水晶按钮制作。

该例水晶按钮效果如图 10-92 所示。

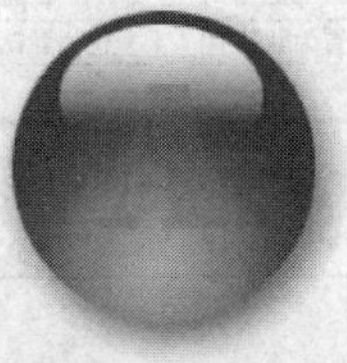

图 10-92　按钮效果

操作步骤如下。

（1）新建一 400 像素×400 像素的空白图窗，在"图层"控制面板上单击右下"创建新图层"按钮，生成透明的"图层 1"。

（2）单击工具箱下方前景色方块，在弹出的"拾色器（前景色）"对话框中选择一种浅蓝色，如图 10-93 所示。点击背景色方块，在弹出的"拾色器（背景色）"对话框中选择一种深蓝色，如图 10-94 所示。

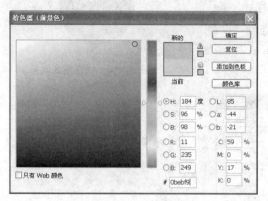

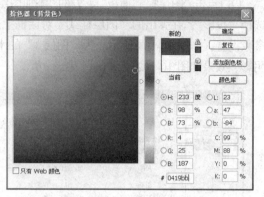

图 10-93　设置"浅蓝色"前景色　　　　　　　图 10-94　设置"深蓝色"背景色

（3）选择"椭圆选框工具"，按下"Ctrl"键，在"图层 1"上画一正圆选框，选择"渐变工具"，在工具选项栏中选择"径向渐变"模式，如图 10-95 所示。在选框内自下向上拖曳出一直线以进行径向渐变填充，如图 10-96 所示，填充效果如图 10-97 所示。

图 10-95　选择"径向渐变"模式

图 10-96　径向渐变填充　　　　　　　　　　图 10-97　径向渐变效果

（4）按"Ctrl+D"取消选框，再用"椭圆选框工具"在上述填充圆上方画一椭圆，如图 10-99 所示。设置前景色为白色，选择"渐变工具"，在工具选项栏中如图 10-98 所示选择"线性渐变"模式，点击"填充样式"弹出"渐变"拾色器，选择第二项"前景到透明"样式。

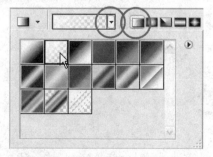

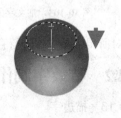

图 10-98　选择"前景到透明"模式　　　　　　图 10-99　线性渐变填充

（5）如图 10-99 所示，选框内自顶向下拖曳出一直线以进行"前景到透明"渐变填充，效果如图 10-100 所示。

（6）点击"图层控制面板"下方的"添加图层样式" *fx* ，选择"投影"，在弹出的"图层样式"对话框上进行"投影"参数设置，如图 10-101 所示。为"图层 1"的水晶按钮添加阴影，效果如图 10-102 所示。

图 10-100　线性渐变效果

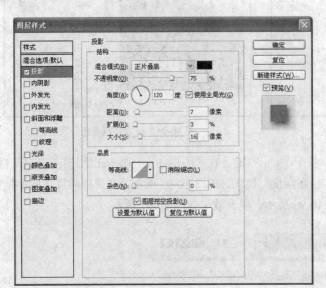

图 10-101　"投影"设置

图 10-102　加阴影效果

（7）设置前景色为红色，在工具箱上选择"文字工具" **T** ，在工具选项栏上选择"字体类型"及"字体大小"，在按钮上输入相关文字，如图 10-103 所示，用"移动工具"调整文字使之处于按钮中心。

（8）在"图层控制面板"上调整文字图层透明度为 40%，按钮最终效果如图 10-104 所示。

图 10-103　加文字效果

图 10-104　文字半透明效果

（9）对所得水晶按钮进行存盘处理。

10.4.2　特效字制作

例 10.13　描边字。

该例描边字效果如图 10-105 所示。

图 10-105　描边字

操作步骤如下。

（1）新建一大小为 400 像素×200 像素，RGB 颜色模式的空白图窗。

（2）设置前景色为浅蓝色，填充该图窗作为背景色，单击"图层控制面板"上的 按钮，新建一空白图层。

（3）在工具箱中选择"横排文字蒙版工具" ，在工具选项栏中设置字体为"黑体"，字号为"50 点"，单击"字符和段落调板"按钮 ，如图 10-106 所示设置字体为"粗体"和"倾斜"格式。

（4）单击图窗左端并输入文字"网页设计"，如图 10-107 所示。

（5）单击工具箱其他工具，文字变成选区，设置前景色为深蓝色，按快捷键"Alt+Delete"为文字选区填色，如图 10-108 所示。

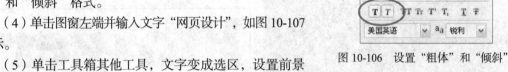

图 10-106　设置"粗体"和"倾斜"

图 10-107　输入文字

图 10-108　文字填色

（6）设置前景色为白色，选择"编辑"|"描边"命令，设置描边宽度为"2px"，位置为"居外"，如图 10-109 所示。

（7）按组合键"Ctrl+D"，描边效果如图 10-110 所示。单击"图层控制面板"上的 按钮，选择"投影"命令为文字层加上投影效果。

图 10-109　描边设置

图 10-110　文字描边

（8）对描边字效果图进行存盘。

例 10.14 图案浮雕字。

该特效字既具有图像纹理特点，又具有浮雕
立体特点，其效果如图 10-111 所示。

操作步骤如下。

（1）打开"photoshop/例 14 图案浮雕字"下
的"nature.jpg"图像文件。

图 10-111 图案浮雕字

（2）选择"横排文字蒙版工具" ，在工具选项栏中设置字体为"Cooper Std"，字号为"80
点"，在"nature.jpg"图窗上输入文本"Flower"，点击其他工具获取文本选区，如图 10-112 所示，
按快捷键"Ctrl+C"复制该选区图案内容。

（3）新建一大小为 600 像素×200 像素，RGB 颜色模式的空白图窗，按快捷键"Ctrl+V"将
文本选区图案复制过来，如图 10-113 所示。

图 10-112 获取文本选区

图 10-113 复制文本选区内容

（4）单击"图层控制面板"上的 _fx_ 按钮，选择"斜面和浮雕"命令，如图 10-114 所示设置
参数，为文字层加上浮雕及投影效果。

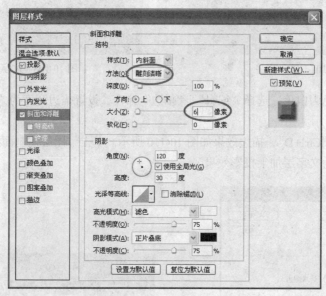

图 10-114 "斜面和浮雕"设置

（5）保存所得浮雕字效果。

例 10.15 透明玻璃字。

透明玻璃字效果如图 10-115 所示。

图 10-115　透明玻璃字

操作步骤如下。

（1）新建一大小为 600 像素×200 像素，RGB 颜色模式的空白图窗。

（2）单击"通道控制面板"底部创建新通道按钮 ，新建一个 Alpha1 通道，如图 10-116 所示。

（3）设置前景色为白色，选择工具箱上"横排文字工具" ，在工具选项栏上设置字体为"黑体"，字号为"120 点"，在 Alpha1 通道上输入"透明"文字，点击其他工具，文字效果如图 10-117 所示。

图 10-116　新建 Alpha1 通道

图 10-117　在 Alpha1 通道上输入文字

（4）按下快捷键"Ctrl+D"取消文字选区，选择"滤镜"|"模糊"|"动感模糊"命令，在"动感模糊"对话框中设置"角度"为 20 度，距离为 12 像素，如图 10-118 所示。

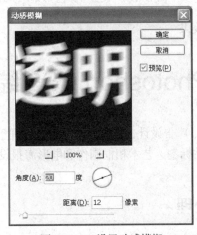

图 10-118　设置动感模糊

（5）继续选择"滤镜"|"风格化"|"查找边缘"命令，获取模糊后的文字的边缘，效果如图 10-119 所示，再选择"图像"|"调整"|"反相"命令，图像变为反色效果，如图 10-120 所示。

图 10-119　查找边缘效果　　　　　　　　　图 10-120　反相效果

（6）在"通道"面板中点击选择 Alpha1 通道内容，按"Ctrl+C"复制，单击 RGB 通道，按下"Ctrl+V"把复制的 Alpha1 通道内容粘贴到 RGB 通道来。通道控制面板显示如图 10-121 所示。

图 10-121　复制 Alpha1 通道内容到 RGB 通道

（7）选择工具箱中"渐变工具"　，如图 10-122 所示设置工具选项栏，注意其中"模式"项设置为"颜色"选项，在"透明"字样上自左向右拖曳一直线对文字实现渐变填充，透明字最终效果如图 10-115 所示。

图 10-122　设置"颜色"项

（8）保存所得透明玻璃字效果。

10.5　Photoshop CS5 综合处理

Photoshop CS5 集图像合成、广告设计、艺术创作等综合处理于一体，为美工设计者提供了广阔的创意空间。本节通过纸盒贴标签、艺术相框制作和电影海报设计认识 Photoshop CS5 的综合处理方法。

10.5.1　图像变形处理

例 10.16　纸盒贴标签。

该例的素材图及效果图为图 10-123、图 10-124 及图 10-125 所示。

图 10-123　"box" 图

图 10-124　"标签" 图

图 10-125　纸盒贴标签效果图

操作步骤如下。

（1）打开 "photoshop/例 16 纸盒贴标签" 下的 "box.jpg" 和 "标签.jpg" 图像文件。

（2）用 "移动工具" ▶♦ 将 "标签" 图拖曳到纸盒图窗上作为图层 1，用 "魔棒工具" 🔮 选择 "标签" 层白色背景区，按 "Delete" 键删除背景区，按 "Ctrl+D" 取消选区。

（3）如图 10-126 所示，用 "矩形框选工具" ⬚ 框选标签的上半区，按快捷键 "Ctrl+X" 剪切该选区，再按 "Ctrl+V" 粘贴该选区作为新图层。

（4）如图 10-127 所示，选择 "图层 1"（标签下半区）。选择 "编辑" | "变换" | "扭曲" 命令，调整标签周围的控制块，使之自然地贴合在纸盒左侧面，如图 10-128 所示，在控制框双击鼠标确定修改形状。

图 10-126　选择标签上半区

图 10-127　选择 "图层 1"

图 10-128　调整标签形状

（5）选择 "图像" | "调整" | "亮度/对比度" 命令，在 "亮度/对比度" 对话框中将亮度值设为 "-60"，即减少亮度值，使该半个标签变暗，如图 10-129 所示。

图 10-129　减少亮度值

（6）选择 "图层 2"，参照第 4 步方法进行扭曲变换，并增加该层亮度，亮度值设为 "30"，使之效果如图 10-130 所示。

（7）选择"图层"|"向下合并"命令（或按快捷键"Ctrl+E"），用"多边形套索工具"  框选上下标签连接区域，选择"滤镜"|"模糊"|"高斯模糊"命令，模糊半径设为 1 个像素，效果如图 10-131 所示。

图 10-130　编辑标签上半区

图 10-131　模糊上下标签连接区

（8）按"Ctrl+D"取消选区，另存该效果图。

快速蒙版处理

蒙版是一种遮罩工具，可以把图像不需要编辑的区域遮盖起来，其功能与选区完全相同，两者之间也可以相互转换。Photoshop CS5 工具箱上就具有"以快速蒙版模式编辑"的按钮 <span></span>，提供了在图窗中建立快速蒙版来编辑选区的方法。下面以艺术相框制作为例学习快速蒙版的使用。

例 10.17　艺术相框制作。

艺术相框效果如图 10-132 所示。

图 10-132　艺术相框效果图

操作步骤如下。

（1）打开"photoshop\例 17 艺术相框制作\儿童.jpg"图像文件，用"矩形选框工具" ⬚ 在图窗上画一矩形选区，如图 10-133 所示，然后单击工具箱中的"快速蒙版"按钮 ◎ ，进入快速蒙版模式，如图 10-134 所示。图像周围一圈红色半透明的区域为蒙版区域，即被屏蔽保护的区域。

图 10-133　画一矩形选区

图 10-134　切换到快速蒙版模式

（2）选择"滤镜"|"模糊"|"高斯模糊"命令，在"高斯模糊"对话框中设置半径为 8.0 像素，如图 10-135 所示，蒙版区域模糊效果如图 10-136 所示。

图 10-135　设置高斯模糊

图 10-136　蒙版区域模糊效果

（3）选择"滤镜"|"像素化"|"彩色半调"命令，在"彩色半调"中设置最大半径为 12 像素，如图 10-137 所示，蒙版区域被处理成如图 10-138 所示的效果。

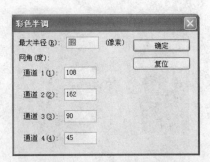

图 10-137　设置彩色半调　　　　　　　　　图 10-138　蒙版区域处理效果

（4）单击工具箱中的"以标准模式编辑"按钮 ，蒙版模式转换成选区模式，如图 10-139 所示，按"Ctrl+Shift+I"反选当前选区，单击"图层控制面板"上的 按钮，新建一空白图层。设置前景色为粉红色，按下"Alt+Delete"填充选区，效果如图 10-140 所示。

图 10-139　切换成标准模式　　　　　　　　图 10-140　为选区填色

（5）按"Ctrl+D"取消选区，单击"图层控制面板"上的 *fx* 按钮，选择"投影"命令为相框图层加上投影效果。

（6）对相框效果图进行存盘。

10.5.2　电影海报设计

例 10.18　电影海报设计。

电影《哈利·波特》以其神秘而新奇的故事情节受到众多观众的青睐。这里以几个主要景物、人物图片为例，为该电影制作一宣传海报，其效果图如图 10-141 所示。

图 10-141　《哈利·波特》海报效果

操作步骤如下。

（1）依次打开"photoshop/例 18 电影海报设计"下的"sky.jpg"和"castle.jpg"图像文件制作背景图。

（2）选择"魔棒工具" ，在工具选项栏中设置"容差"值为 30，按下"Ctrl"键，用魔棒工具点击"castle"图窗中的"天空"区域，直到选取所有"天空"区域。按下"Ctrl+Shift+I"键反选为景物区域，如图 10-142 所示。

（3）用"移动工具" 将该选区拖曳至"sky"图窗口下方，按下"Ctrl+T"调整景物大小，选择"图像"|"调整"|"亮度/对比度"命令，减少亮度值使景物变暗，其效果如图 10-143 所示。

图 10-142　选择"castle"景物区

图 10-143　调整"castle"景区

（4）打开人物图"01.jpg"～"05.jpg"及"bird.jpg"。对其中的"01.jpg"人物图像选择"多边形套索工具" ，设置"羽化"值为10px，沿头像边缘内侧点击框选头像，如图10-144所示，用"移动工具" 拖曳至背景图，按下"Ctrl+T"调整头像大小及角度，如图10-145所示。

（5）用相同方法处理其他图像，注意对于"bird.jpg"图，由于景物较小，"羽化"值设为5px。在"图层控制面板"上调整各图层显示顺序，效果如图10-146所示。

图10-144　选择人物头像

图10-145　调整人物头像

图10-146　调整各图层显示顺序

（6）在"图层控制面板"上单击"背景"及"图层1"（城堡）层前面的"眼睛"，使之不可见，如图10-147所示。

（7）选择"图层"|"合并可见层"（快捷键"Ctrl+Shift+E"），使人物及"bird"图层合并为一层，单击 fx 按钮，选择"外发光"并在"图层样式"对话框中设置"图素/大小"参数为90，如图10-148所示，再次单击"背景"及"图层1"（城堡）层前面的"眼睛"处，使之恢复可见，整体效果如图10-149所示。

图10-147　设置图层不可见

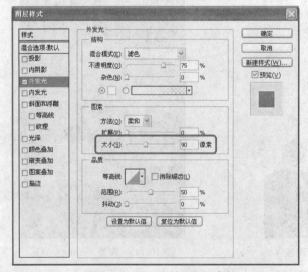
图10-148　设置"外发光"参数

图10-149　"外发光"效果

（8）打开"title.jpg"图像文件，用"魔棒工具" 🔲 选择蓝色背景区，选择"选择"｜"选取相似"命令获得所有背景区域，再按"Ctrl+Shift+I"键反选为文字区域，如图 10-150 所示。用"移动工具" ⊕ 将文字拖曳至海报图上，用上一步方法为文字添加"外发光"效果，如图 10-151 所示。

图 10-150　选择"文字"　　　　　　　　　　　图 10-151　文字标题效果

（9）选择"文字工具" T，设置字体大小为"15 点"，设置前景色为白色，在"海报"下方区域框出一文本框，如图 10-152 输入剧情介绍文字。

图 10-152　输入剧情介绍文字

（10）对所得海报效果图进行存盘。

小　结

Photoshop CS5 是迄今为止功能最强大的图像处理软件，它为美工设计人员提供了广阔的创意空间和不受限制的图像编辑功能。只有设计者想不到的，没有 Photoshop 做不到的。在网页制作上，Photoshop 主要用于制作精美的按钮、插图和背景图，为网页增色添彩。本章主要介绍 Photoshop CS5 的操作特点和常用工具的操作方法，重点讲解了人物处理、按钮/特效字制作和多图层图像综合处理方法。

作业与实验

一、单选题

1. 下列（   ）是 Photoshop 图像最基本的组成单元。

    A. 节点　　　　　　　　B. 色彩空间　　　　C. 像素　　　　　　　D. 路径

2. 在 Photoshop 中使用变换（Transform）命令中的缩放（Scale）命令时，按住（   ）键可以保证等比例缩放。

    A. Alt　　　　　　　　B. Ctrl　　　　　　C. Shift　　　　　　　D. Ctrl+Shift

3. 在 Photoshop 中使用仿制图章工具时，按住（   ）键并单击可以确定取样点。

    A. Alt 键　　　　　　　B. Ctrl 键　　　　　C. Shift 键　　　　　　D. Alt+Shift 键

4. Photoshop 中要暂时隐藏路径在图像中的形状，执行以下的（   ）操作。

    A. 在路径控制面板中单击当前路径栏左侧的眼睛图标

    B. 在路径控制面板中按 Ctrl 键单击当前路径栏

    C. 在路径控制面板中按 Alt 键单击当前路径栏

    D. 单击路径控制面板中的空白区域

5. Photoshop 中利用渐变工具创建从黑色至白色的渐变效果，如果想使两种颜色的过渡非常平缓，下面操作有效的是（   ）。

    A. 使用渐变工具作拖动操作，距离尽可能拉长

    B. 将利用渐变工具拖动时的线条尽可能拉短

    C. 将利用渐变工具拖动时的线条绘制为斜线

    D. 将渐变工具的不透明度降低

6. Photoshop 中利用单行或单列选框工具选中的是（   ）。

    A. 拖动区域中的对象　　　　　　　　B. 图像横向或竖向的像素

    C. 一行或一列像素　　　　　　　　　D. 当前图层中的像素

7. Photoshop 中利用橡皮擦工具擦除背景层中的对象，被擦除区域填充（   ）颜色。

    A. 黑色　　　　　　　　B. 白色　　　　　　C. 透明　　　　　　　D. 背景色

二、简答题

1. 简述位图及矢量图存储和显示图像信息的原理，比较两者的优缺点。

2. Photoshop CS5 中，"魔棒工具" 有什么作用？其在用法上与"快速选择工具" 有什么区别？

3. "横排文字蒙版工具" 有什么作用？其在用法上与"横排文字工具" 有什么区别？

三、实验题

1. 打开本书配套资料的"素材/第 10 章 photoshop 素材/课后实验用图"下"start01.jpg"图像文件，参照例 10.2 方法，将其编辑成一个"蔬果先生"，如图 10-153 所示。

图 10-153 蔬果先生素材及效果

2. 打开"素材/第 10 章 photoshop 素材/课后实验用图"下的"cup.jpg"和"标签 2.jpg"图像文件，使用图像"自由变换"方法及图层"正片叠底"方法（参照例 10.9），如图 10-154 所示，将标签加到杯子上。

图 10-154 杯子贴标签素材及效果

3. 设计一商业网站主页的背景图，并以"返回主页"、"新闻公告"、"信息查询"、"业务类型"及"联系我们"为标题做一组相关网页按钮。

第11章
动画制作工具 Flash CS5

- 认识 Flash CS5 的工作界面
- 了解 Flash CS5 的操作方法
- 掌握 Flash CS5 作品的发布过程
- 掌握几种 Flash CS5 图形工具的操作
- 掌握 Flash CS5 动画制作过程

11.1 中文 Flash CS5 的工作界面

Adobe Flash CS5 Professional 是 Adobe 公司推出的功能强大、性能稳定的矢量动画制作与特效制作软件，是网页动画、游戏动画、电影电视动画和手机动画的主要制作工具之一。

11.1.1 动画与 Flash CS5

动画是由一帧帧的静态图片在短时间内连续播放而造成的视觉效果，是表现动态过程，阐明抽象原理的一种重要媒体。

利用 Flash CS5 软件制作的动画尺寸要比位图动画文件（如 GIF 动画）尺寸小得多，特别适用于创建通过 Internet 传播的内容。用户不但可以在动画中加入声音、视频和位图图像，还可以制作交互式的影片或者具有完备功能的网站。利用 Flash CS5 软件可以实现多种动画特效，尤其在多媒体 CAI 课件中，使用设计合理的动画，不仅有助于学科知识的表达和传播，使学习者加深对所学知识的理解，提高学习兴趣和教学效率，同时也能为课件增加生动的艺术效果，特别对于以抽象教学内容为主的课程更具有特殊的应用意义。

播放 Flash 动画必须安装 Flash Player 插件，目前 Flash Player 已经进入了多种设备，不仅仅在台式机和笔记本上，现在的上网本、平板电脑、智能手机以及数字电视等都安装有 Flash Player，因而为 Flash 动画的播放提供了广阔的平台。

11.1.2 运行 Flash CS5

运行 Flash CS5，首先显示 Flash CS5 的初始用户界面，如图 11-1 所示。

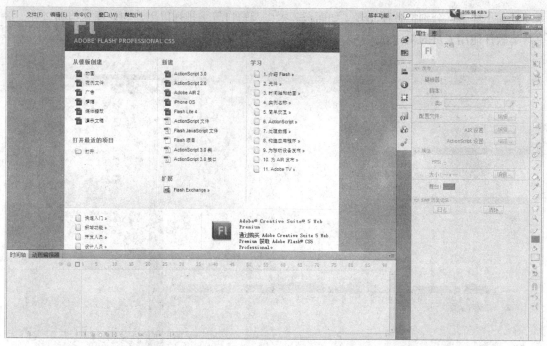

图 11-1　Flash CS5 初始用户界面

下拉 "文件" | "新建" 菜单命令, 弹出 "新建文档" 对话框, 如图 11-2 所示。

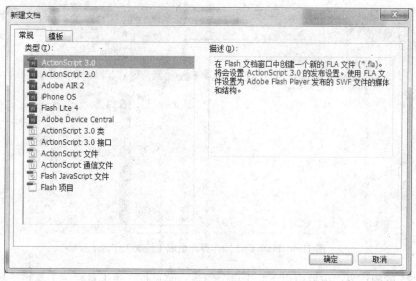

图 11-2　Flash CS5 新建文档

单击 "Flash 文件（ActionScript 3.0）" 选项, 单击 确定 按钮后, 就可以进入 Flash CS5 的操作界面; 或者在初始用户界面中选择 "新建" | "ActionScript 3.0", 也可以进入 Flash CS5 的操作界面。Flash CS5 操作界面如图 11-3 所示。

我们也可以通过工作区切换器切换到合适的操作界面, 如图 11-4 所示为切换到传统工作区的操作界面, 该界面采用了一系列浮动的可组合面板, 用户可以按照自己的需要来调整其状态, 使用非常简便。Flash CS5 预设有 7 种工作区, 分别是动画、传统、调试、设计人员、开发人员、基本功能和小屏幕，分别把各种元素（如面板、栏以及窗口等）排列以创建和处理文档和文件，适合各类软件使用人员的工作方式。

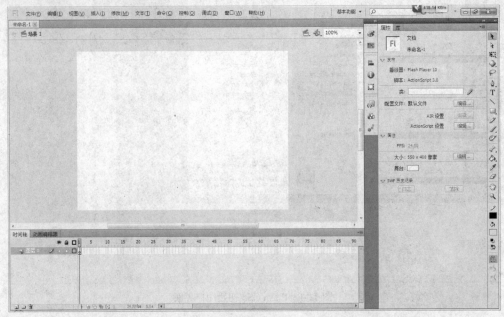

图 11-3　Flash CS5 操作界面（基本功能工作区）

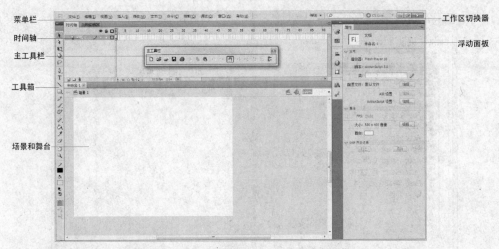

图 11-4　Flash CS5 操作界面组成（传统工作区）

Flash CS5 的操作界面主要由以下几个部分组成：菜单栏、主工具栏、工具箱、场景和舞台、时间轴以及属性面板和浮动面板等功能面板。下面对各部分的功能进行简要介绍，其具体应用方法将在后续章节详细介绍。

11.1.3　菜单栏

菜单栏如图 11-5 所示，主要包括"文件"、"编辑"、"视图"、"插入"、"修改"、"文本"、"命令"、"控制"、"调试"、"窗口" 和 "帮助" 等菜单，每个菜单中又都包含了若干菜单项，它们提供了包括文件操作、编辑、视窗选择、动画帧添加、动画调整、字体设置、动画调试、打开浮动面板等一系列命令。

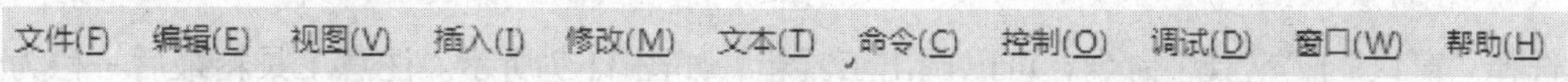

文件(F) 编辑(E) 视图(V) 插入(I) 修改(M) 文本(T) 命令(C) 控制(O) 调试(D) 窗口(W) 帮助(H)

图 11-5 Flash CS5 菜单栏

① "文件"菜单：主要功能是创建、打开、保存、打印和输出动画，以及导入外部图形、图像、声音及动画文件，以便在当前动画中进行使用。

② "编辑"菜单：主要功能是对舞台上的对象以及帧进行选择、复制及粘贴，以及自定义面板、设置参数等。

③ "视图"菜单：主要功能是进行环境设置。

④ "插入"菜单：主要功能是向动画中插入对象。

⑤ "修改"菜单：主要功能是修改动画中的对象。

⑥ "文本"菜单：主要功能是修改文字的外观、对齐方式及对文字进行拼写检查等。

⑦ "命令"菜单：主要功能是保存、查找及运行命令。

⑧ "控制"菜单：主要功能是测试播放动画。

⑨ "调试"菜单：主要功能是对动画进行调试。

⑩ "窗口"菜单：主要功能是控制各功能面板的显示以及面板的布局设置。

⑪ "帮助"菜单：主要功能是提供 Flash CS5 在线帮助信息和支持站点的信息，包括教程和 ActionScript 帮助。

11.1.4 主工具栏

主工具栏可以通过"窗口"|"工具栏"的子菜单命令来选择是否显示。主工具栏如图 11-6 所示，提供了 16 个用于文件操作和编辑操作的常用命令按钮。

图 11-6 Flash CS5 主工具栏

主工具栏主要按钮的名称及其功能如表 11.1 所示。

表 11.1　　　　　　　　　　　　　　　主工具栏中的按钮及其功能

按 钮 图 标	按 钮 名 称	功　　　能
	贴紧至对象	可在编辑时进入"贴紧对齐"状态，以便绘制出圆或正方形，在调整对象时能够准确定位，在设置动画路径时能够自动贴紧
	平滑	可使选中的曲线或图形外形更加光滑，多次单击具有累积效应
	伸直	可使选中的曲线或图形外形更加平直，多次单击具有累积效应
	旋转与倾斜	用于改变舞台中对象的旋转角度和倾斜变形
	缩放	用于改变舞台中对象的大小
	对齐	对舞台中多个选中对象的对齐方式和相对位置进行调整

11.1.5 工具箱

选择"窗口"|"工具"命令，可以调出工具箱，如图 11-7 所示。注意工具箱最后一栏为选项栏，选择各种工具时会显示相应的选项。

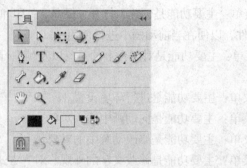

图 11-7　Flash CS5 工具箱

工具箱提供了图形绘制和编辑的各种工具，主要工具的功能如表 11.2 所示。各种工具的使用见后面章节。

表 11.2　　　　　　　　　　　　　　　工具箱中的工具及其功能

图　标	名　称	功　能
	选择工具	选择和移动舞台上的对象，改变对象的大小和开头等
	部分选取工具	用来抓取、选择、移动和改变形状路径
	任意变形工具	对舞台上选定的对象进行缩放、扭曲及旋转变形
	渐变变形工具	对舞台上选定对象的填充渐变色变形
	3D 旋转工具	可以在 3D 空间中旋转影片剪辑实例
	3D 平移工具	可以在 3D 空间中移动影片剪辑实例
	套索工具	在舞台上选择不规则的区域或多个对象
	钢笔工具	绘制直线和光滑的曲线，调整直线长度、角度及曲线曲率等
	文本工具	创建、编辑字符对象和文本窗体
	线条工具	绘制直线段
	矩形工具	绘制矩形向量色块或图形
	椭圆工具	绘制椭圆形、圆形向量色块或图形
	基本矩形工具	绘制基本矩形
	基本椭圆工具	绘制基本椭圆形
	多角星形工具	绘制等比例的多边形
	铅笔工具	绘制任意形状的向量图形
	刷子工具	绘制任意形状的色块向量图形
	喷涂刷工具	可以一次性地将形状图案"刷"到舞台上
	Deco 工具	可以对舞台上的选定对象应用效果

续表

图　标	名　称	功　能
	骨骼工具	可以向影片剪辑、图形和按钮实例添加 IK 骨骼
	绑定工具	可以编辑单个骨骼和形状控制点之间的连接
	颜料桶工具	改变色块的色彩
	墨水瓶工具	改变向量线段、曲线及图形边框线的色彩
	吸管工具	将舞台图形的属性赋予当前绘图工具
	橡皮擦工具	擦除舞台上的图形
	手形工具	移动舞台画面以便更好地观察
	缩放工具	改变舞台画面的显示比例
	笔触颜色工具	选择图形边框和线条的颜色
	填充色工具	选择图形要填充区域的颜色
	黑白工具	系统默认的颜色
	交换颜色工具	可将笔触颜色和填充色进行交换

11.1.6　场景和舞台

在当前编辑的动画窗口中，我们把动画内容编辑的整个区域叫做场景。在 Flash 动画中，为了设计的需要，可以更换不同的场景，且每个场景都有不同的名称，用户可以在整个场景内进行图形的绘制和编辑工作。在场景中白色（也可能会是其他颜色，这是由动画属性设置的）区域显示动画的内容，我们就把这个区域称为舞台。而舞台之外的灰色区域称为后台区，如图 11-8 所示。

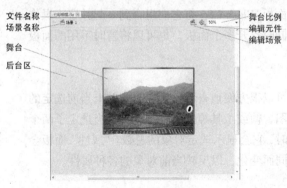

图 11-8　场景与舞台

舞台是绘制和编辑动画内容的矩形区域，在其中显示的图形内容包括矢量图形、文本框、按钮、导入的位图图形或视频剪辑等。动画在播放时仅显示舞台上的内容，对于舞台之外的内容是不显示的。

11.1.7　时间轴

时间轴用于组织和控制文档内容在一定时间内播放的层数和帧数，就像剧本决定了各个场景的切换以及演员的出场及表演的时间顺序一样。

"时间轴"面板有时又被称为"时间轴"窗口，其主要组件是层、帧和播放头，还包括一些信息指示器，如图 11-9 所示。"时间轴"窗口可以伸缩，一般位于动画文档窗口内，可以通过鼠标拖动使它独立出来。按其功能来看，"时间轴"面板可以分为左右两个部分：层控制区和帧控制区。时间轴显示文档中哪些地方有动画，包括逐帧动画、补间动画和运动路径，可以在时间轴中插入、删除、选择和移动帧，也可以将帧拖到同一层中的不同位置，或是拖到不同的层中。

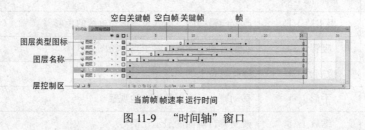

图 11-9　"时间轴"窗口

帧是进行动画创作的基本时间单元，关键帧是对内容进行了编辑的帧，或包含修改文档的"帧动作"的帧。Flash 可以在关键帧之间补间或填充帧，从而生成流畅的动画。

层就像透明的投影片一样，一层层地向上叠加。用户可以利用层组织文档中的插图，也可以在层上绘制和编辑对象，而不会影响其他层上的对象。如果一个层上没有内容，那么就可以透过它看到下面的层。当创建了一个新的 Flash 文档之后，它就包含一个层。用户可以添加更多的层，以便在文档中组织插图、动画和其他元素。可以创建的层数只受计算机内存的限制，而且层不会增加发布的 SWF 文件的大小。

11.1.8　面板

Flash 利用面板的方式对常用工具进行组织，如图 11-7 和图 11-10 所示，以方便用户查看、组织和更改文档中的元素。对于一些不能在属性面板中显示的功能面板，Flash CS5 将它们组合到一起并置于操作界面的右侧。用户可以同时打开多个面板，也可以将暂时不用的面板关闭或缩小为图标。

1．"属性"面板

使用"属性"面板可以很方便地查看舞台或时间轴上当前选定的文档、文本、元件、位图、帧或工具等的信息和设置。当选定了两个或多个不同类型的对象时，它会显示选定对象的总数。"属性"面板会根据用户选择对象的不同而变化，以反映当前对象的各种属性。

2．"库"面板

"库"面板用于存储和组织在 Flash 中创建的各种元件以及导入的文件，包括位图图形、声音文件及视频剪辑等。"库"面板可以组织文件夹中的库项目，查看项目在文档中使用的频率，并按类型对项目排序。

3．"动作"面板

"动作"面板用于创建和编辑对象或帧的动作脚本。选择帧、按钮或影片剪辑实例可以激活"动作"面板。根据所选内容的不同，"动作"面板标题也会变为"动作—按钮"、"动作—影片剪辑"或"动作—帧"。

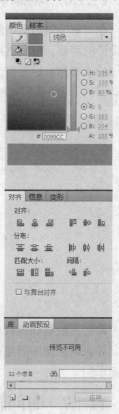

图 11-10　功能面板

4."历史记录"面板

"历史记录"面板显示自文档创建或打开某个文档以来在该活动文档中执行的操作,按步骤的执行顺序来记录操作步骤。可以使用"历史记录"面板撤销或重做多个操作步骤。

Flash CS5 中还有许多其他面板,这些面板都可以通过"窗口"菜单中的子菜单来打开和关闭。面板可以根据用户的需要进行拖动和组合,一般拖动到另一面板的临近位置,它们就会自动停靠在一起;若拖动到靠近右侧的边界,面板就会折叠为相应的图标。

11.2　中文 Flash CS5 的基本操作

Flash CS5 的基本操作包括文件操作和对象操作,熟练掌握基本操作方法是快速完成各种设计任务的基础,下面对 Flash CS5 的基本操作进行介绍。

11.2.1　文件操作

文档编辑完成后,就应当进行保存。另外,即使是在编辑的过程中,也应当及时保存文档,以免由于某种意外情况而导致文档的丢失和破坏。

文档未被保存以前,在文档标题栏显示的是默认的文件名,且在文件名后有一个数字编号,如 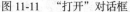按钮。下面简要介绍文件的打开与保存操作。

1.打开文件

选择"文件"|"打开"菜单命令,打开"打开"对话框,选择需要打开的文件夹,如图 11-11 所示,其中列出了当前文件夹下的文件。

在该对话框中选择需要打开的文件,如"时间轴.fla",然后单击 打开(0) 按钮,则该文件被调入 Flash CS5 中,以便对其进行编辑。

2.保存文件

选择"文件"|"保存"菜单命令,打开如图 11-12 所示的"另存为"对话框。选择文件的保存位置,如文件夹"MyFlash",再输入一个文件名,然后单击 保存(S) 按钮,则当前文件被保存。

图 11-11　"打开"对话框

图 11-12　"另存为"对话框

Flash CS5 支持中文文件名,因此,为了使文件便于理解和使用,最好使用中文文件名。文件被保存后,在文档标题栏显示的就是保存时输入的文件名,且在文件名后没有了数字编号。

3. 关闭文件

选择"文件"|"关闭"菜单命令，可以关闭当前文档。

11.2.2　对象操作

对象的操作包括对象的选取操作和对象的调整操作，灵活掌握对象的操作方法，可以加快设计任务的进程。

1. 选取对象

（1）使用"选择工具"按钮选取对象。

单击工具箱内的"选择工具"按钮，然后就可以选择对象，方法如下。

① 选取一个对象。

单击一个对象（绘制的图形、输入的文字或导入的图像等），即可选中该对象。选中的图形（包括分离的文字和图像，选择"修改"|"分离"菜单命令，可将选中的图像分离；两次单击该菜单命令，可将选中的文字分离）对象上面蒙上了一层白点，见图 11-13 中下边的"一次分离的文字"、"二次分离的文字"文字和左边的打碎的图像。选中的图像对象被灰白的小点组成的矩形所包围，且中间有一个白色小圆，见图 11-13 中右边的图像；选中的文字被蓝色矩形所包围，参看图 11-13 中上边的"一次分离的文字"文字。

图 11-13　选择和分离各种对象

② 选取多个对象。

● 双击一条线，不但会选中被双击的线，同时还会选中与它相连的相同属性的线。双击一个轮廓线内的填充物，不但会选中被双击的填充物，还会选中它的轮廓线。

● 按住 Shift 键，同时依次单击各对象，可选中多个对象。

● 用鼠标拖曳出一个矩形，可以将矩形中的所有对象都选中，如图 11-14 所示。当某个图形和打碎的图像及文字的一部分被包围在矩形框中时，这个图形和打碎的图像及文字会被分割为几个独立部分，处于矩形框中的部分被选中，如图 11-15 所示。

（2）使用套索工具选取对象。

① 套索工具的使用方法。

使用工具箱内的套索工具 ，可以在舞台中选择不规则区域和多个对象。

单击工具箱中的"套索工具"按钮 ，在舞台工作区内拖曳鼠标，会沿鼠标运动轨迹产生一条不规则的细黑线，如图 11-16 所示。

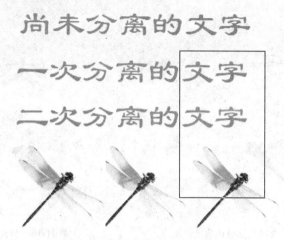

图 11-14　用鼠标拖曳出一个矩形

图 11-15　将矩形中的所有对象都选中

图 11-16　使用套索工具选取

释放鼠标左键后，被围在圈中的图形就被选中了，如图 11-17 所示。

用鼠标拖曳这些选取的图形，可以将选中的图形与未被选中的图形分开，成为独立的图形，如图 11-18 所示。

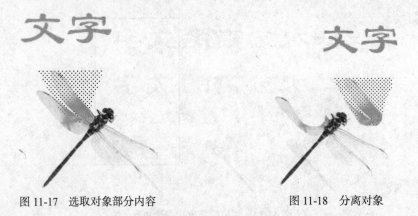

图 11-17　选取对象部分内容　　　　　　　图 11-18　分离对象

用套索工具 🔍 拖曳出的线可以不封闭。当线没有封闭时，会自动以直线连接首尾，使其形成封闭曲线。

② 套索工具的选取模式。

单击工具箱中的"套索工具"按钮 🔍，其"选项"栏内会显示出 3 个按钮，如图 11-19 所示。套索工具的 3 个按钮用来改变套索工具的属性，3 个按钮的作用如下。

● "多边形模式"按钮 ▽：单击该按钮后，可以形成封闭的多边形区域，用来选择对象。此时封闭的多边形区域的产生方法为：用鼠标在多边形的各个顶点处单击一下，在最后一个顶点处双击鼠标，即可画出一个多边形直细线框，它包围的图形都会被选中。

● "魔棒"按钮 ⚡：单击该按钮后，将鼠标指针移到对象的某种颜色处，当鼠标指针呈 ⚡ 魔术棒形状时，单击鼠标，即可将该颜色和与该颜色相接近的颜色图形选中。如果再单击选择工具按钮 ▶，用鼠标拖曳选中的图形，即可将它们拖曳出来。将鼠标指针移到其他地方，当鼠标指针不呈魔术棒形状时，单击鼠标，即可取消选取。

● "魔棒属性"按钮 ⚡：单击该按钮后，会弹出一个"魔术棒设置"对话框，如图 11-20 所示。利用它可以设置魔棒工具的属性。魔棒工具的属性主要是用来设置临近色的相似程度。

图 11-19　"套索工具"的"选项"栏　　　　图 11-20　"魔术棒设置"对话框

2. 移动、复制、删除、对齐和调整对象

（1）移动对象。移动对象的操作如下。

① 使用工具箱中的选择工具 ▶ 选中一个或多个对象，将鼠标指针移到选中的对象上（此时鼠标指针应变为在它的右下方增加两个垂直交叉的双箭头 ✛），拖曳光标即可移动对象。

② 如果按住 Shift 键，同时用鼠标拖曳选中的对象，可以将选中的对象沿 45° 的整数倍角度（如 45°、90°、180°、270°）移动。

③ 按光标移动键，可以微调选中对象的位置，每按一次按键，可以移动 1 个像素。按住 Shift 键的同时，再按光标移动键，可以一次移动 8 个像素。

移动对象效果如图 11-21 所示。

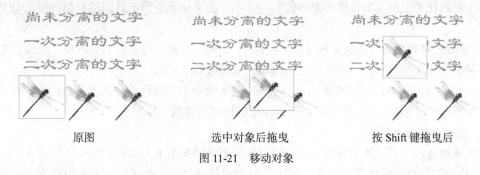

图 11-21 移动对象

（2）复制对象。复制对象可采用以下方法之一。

① 按住 Ctrl 键或 Alt 键，同时用鼠标拖曳选中的对象，可以复制选中的对象。

② 按住 Shift 键和 Alt 键（或 Ctrl 键），同时拖曳对象，可沿 45° 的整数倍角度方向复制对象。

③ 选择"窗口"|"变形"菜单命令，调出"变形"面板，如图 11-22 所示。选中要复制的对象，再单击"变形"面板右下角的"复制并应用变形"按钮，即可在选中对象处复制一个新对象。单击"选择工具"按钮，再拖曳移出复制的对象。

④ 此外，利用剪贴板的剪切、复制和粘贴功能，也可以移动和复制对象，如图 11-23 所示。

图 11-22 "变形"面板

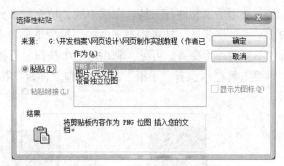

图 11-23 "选择性粘贴"对话框

（3）删除对象。删除对象可采用以下方法之一。

① 选中要删除的对象，然后按 Delete 键，即可删除选中的对象。

② 选中要删除的对象，再选择"编辑"|"清除"或"编辑"|"剪切"菜单命令，也可以删除选中的对象。

（4）对齐对象。在对齐状态下，用鼠标拖曳移动对象并靠近其他对象、网格或辅助线时，被移动的对象会自动对齐其他对象、网格或辅助线。进入各种对齐状态的方法如下。

① 选择"视图"|"贴紧"下相应的命令，使菜单命令左边出现对勾，也可以单击"对齐对象"按钮⬚。如果要退出对齐状态，可执行上边所述的相应的菜单命令，取消菜单命令左边的

对钩。

②　选择"视图"|"贴紧"|"编辑贴紧对齐方式"菜单命令，弹出"贴紧对齐"对话框。利用该对话框可以设置对齐属性。

（5）使用任意变形工具调整对象的位置与大小。使用任意变形工具调整对象的位置与大小操作如下。

①　单击工具箱中的"任意变形工具"按钮 ，单击对象，对象四周会出现一个黑色矩形框和 8 个黑色的控制柄。此时，用鼠标拖曳对象，也可以移动对象。

②　单击工具箱中的"任意变形工具"按钮 ，再单击工具箱中"选项"栏内的"缩放"按钮 ，用鼠标拖曳黑色的小正方形控制柄，可以调整图像的大小。

3. 改变对象的形状

（1）使用选择工具。使用选择工具改变对象的形状操作如下。

①　使用工具箱中的选择工具 ，单击图形对象外的舞台工作区处，不选中要改变形状与大小的对象（包括图形、打碎的文字和图像，不包括群组对象、文字和位图图像）。

②　将鼠标指针移到对象边缘处，会发现鼠标指针右下角出现一个小弧线 （指向线边处时）或小直角线 （指向线端或折点处时）。此时用鼠标拖曳，即可看到被拖曳的对象形状发生了变化。

操作效果如图 11-24 所示。

图 11-24　使用选择工具改变对象形状

（2）使用平滑和伸直工具。在选中线、填充物或分离的对象的情况下，不断单击"选项"栏内的"平滑"按钮 ，即可将不平滑的图形变平滑。不断单击"选项"栏内的"伸直"按钮 ，即可将不直的图形变直。可见，利用这两个按钮，可把徒手绘制的不规则曲线变为规则曲线。

主要工具栏内也有"平滑"按钮 和"伸直"按钮 ，其作用一样，操作效果如图 11-25 所示。

原图　　　　　　　　使用 效果　　　　　　使用 效果

图 11-25　平滑和伸直工具效果

（3）使用切割工具。可以切割的对象有图形、打碎的位图和打碎的文字，不含群组对象。切割对象可以采用下述方法。

①　单击工具箱中的"选择工具"按钮 ，再在舞台工作区内拖曳鼠标，如图 11-26 左半部分所示，选中图形的一部分。用鼠标拖曳图形中选中的部分，即可将选中的部分分离，如图 11-26 右半部分所示。

图 11-26　切割图形 1

② 在要切割的图形对象上边绘制一条细线，如图 11-27 左半部分所示。再使用选择工具 选中被细线分割的一部分图形，用鼠标拖曳移开，如图 11-27 右半部分所示。最后将细线删除。

图 11-27　切割图形 2

③ 在要切割的图形对象上边绘制一个图形（如在圆形图形之上绘制一个矩形），再使用选择工具 选中新绘制的图形，并将它移出，如图 11-28 所示。

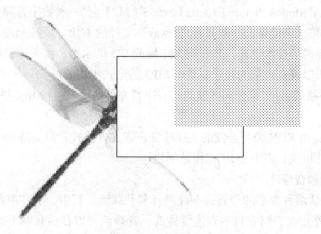

图 11-28　切割图形 3

11.2.3 声音处理

一般来说，音频文件音质越高容量越大，但是 MP3 声音数据经过了压缩，比 WAV 或 AIFF 声音数据量小。通常，当使用 WAV 或 AIFF 文件时，最好使用 16bit、22kHz 单声，但是 Flash CS5 只能导入采样率为 11kHz、22kHz 或 44kHz，8bit 或 16bit 的声音。在导出时，Flash CS5 会把声音转换成采样比率较低的声音。

1. 音频的基本概念

在实际制作过程中，用户要根据具体作品的需要，有选择地引用 8bit 或 16bit 的 11kHz、22kHz 或 44kHz 的音频数据。关于音频的基本概念介绍如下。

① 采样率：简单地说就是通过波形采样的方法记录 1s 长度的声音需要多少个数据。原则上采样率越高，声音的质量越好。

② 压缩率：通常指音乐文件压缩前后的大小比值，用来简单描述数字声音的压缩效率。

③ 比特率：是另一种数字音乐压缩比率的参考性指标，表示记录音频数据每秒钟所需要的平均比特值，通常使用 kbit/s 作为单位。CD 中的数字音乐比特率为 1 411.2kbit/s（也就是记录 1s 的 CD 音乐，需要 $1\,411.2 \times 1\,024$ 比特的数据），近乎于 CD 音质的 MP3 数字音乐需要的比特率是 112～128kbit/s。

④ 量化级：简单地说就是描述声音波形的数据是多少位的二进制数据，通常以 bit 为单位，如 16bit、24bit。16bit 量化级记录声音的数据是用 16bit 的二进制数，因此，量化级也是数字声音质量的重要指标。

根据作品的需要调整数字音频压缩率，对于减小作品的容量有很大的作用。结合上述有关数字音频的基础知识，有选择地调整各项设置，以达到适合自己作品的标准。

2. 音频的数据格式

音频数据因其用途、要求等因素的影响，拥有不同的数据格式。常见的格式主要包括 WAV、MP3、AIFF 和 AU。适合 Flash CS5 引用的 4 种音频格式介绍如下。

① WAV 格式：Wave Audio Files（WAV）是微软公司和 IBM 公司共同开发的 PC 标准声音格式。WAV 格式直接保存对声音波形的采样数据，数据没有经过压缩，所以音质很好。但 WAV 有一个致命的缺陷，因为对数据采样时没有压缩，所以体积臃肿不堪，所占磁盘空间很大。其他很多音乐格式可以说就是在改造 WAV 格式缺陷的基础上发展起来的。

② MP3 格式：Motion Picture Experts Layer-3（MP3）是一种数字音频格式。相同长度的音乐文件用"*.mp3"格式来储存，一般只有"*.wav"文件的 1/10。虽然 MP3 是一种破坏性的压缩，但是因为取样与编码的技术优异，其音质大体接近 CD 的水平。由于体积小、传输方便、拥有较好的声音质量，所以现在大量的音乐都是以 MP3 的形式出现的。

③ AIF/AIFF 格式：是苹果公司开发的一种声音文件格式，支持 MAC 平台，支持 16bit、44.1kHz 立体声。

④ AU 格式：由 SUN 公司开发的 AU 压缩声音文件格式，只支持 8bit 的声音，是互联网上常用到的声音文件格式，多由 SUN 工作站创建。

3. 事件声音和音频流

Flash CS5 包括两种类型的声音：事件声音和音频流。其中，事件声音必须完全下载后才能开始播放，除非停止，否则它将一直连续播放；音频流可以在前几帧下载了足够的数据后就开始播放。

在音频"属性"面板中提供了指定音频素材、音调调整、控制声音同步、设置循环次数等功能。利用循环音乐的方式，可导入较为短小的音频文件循环播放，以减少文件的容量。

音频"属性"面板中的"效果"选项主要用于设置不同的音频变化效果，如图 11-29 所示。"效果"下拉列表中各选项的作用如下。

① "无"：不选择任何效果。

② "左声道"：只有左声道播放声音。

③ "右声道"：只有右声道播放声音。

④ "向右淡出"：可以产生从左声道向右声道渐变的效果。

⑤ "向左淡出"：可以产生从右声道向左声道渐变的效果。

⑥ "淡入"：用于制造声音开始时逐渐提升音量的效果。

⑦ "淡出"：用于制造声音结束时逐渐降低音量的效果。

⑧ "自定义"：让用户根据实际情况随机调整声音，和单击 ⌀ 按钮的作用相同。

音频"属性"面板中"同步"选项用于设置不同声音的播放形式，如图 11-30 所示。"同步"下拉列表中各选项的作用如下。

图 11-29 "效果"下拉列表选项

图 11-30 "同步"下拉列表选项

① "事件"：这是软件默认的选项，此项的控制播放方式是当动画运行到导入声音的帧时，声音将被打开，并且不受时间轴的限制继续播放，直到单个声音播放完毕，或是按照用户在"循环"中设定的循环播放次数反复播放。

② "开始"：是用于声音开始位置的开关。当动画运动到该声音导入帧时，声音开始播放，但在播放过程中如果再次遇到导入同一声音的帧时，将继续播放该声音，而不播放再次导入的声音。"事件"项却可以两个声音同时播放。

③ "停止"：用于结束声音的播放。

④ "数据流"：可以根据动画播放的周期控制声音的播放，即当动画开始时导入并播放声音，当动画结束时声音也随之终止。

4. 声音的压缩选项

通过选择压缩选项可以控制导出的 SWF 影片文件中声音的品质和大小。使用"声音属性"对话框可为单个声音设置压缩选项，而在影片的"发布设置"对话框中可定义所有声音的压缩设置。

可以设置单个事件声音的压缩选项，然后用这些设置导出声音，也可以给单个音频流选择压缩选项。但是，影片中的所有音频流都将导出为单个的流文件，而且所用的设置是所有应用于单个音频流的设置中的最高级别，这其中也包括视频对象中的音频流。

（1）"ADPCM"（自适应音频脉冲编码）压缩选项用于 8bit 或 16bit 声音数据的压缩设置，如图 11-31 所示。

其中的 3 个选项作用如下。

① "预处理"：选择"将立体声转换为单声道"会将混合立体声转换为单声（非立体声），用于选择以单声道还是双声道输出声音文件，做这种选择的目的是为了减少文件的容量。如果原文件是双声道立体声，选择此项可以合并为单声道的声音。但如果已是单声道的声音做这种选择则没有什么意义。

② "采样率"：用于选择声音的采样率。选择一个选项以控制声音的保真度和文件大小。较低的采样比率可以减小文件大小，但也降低了声音的品质。一般来说，CD 音质每秒的采样率为 44.1kHz，调频广播音质是 22.5kHz，电话音质是 11.025kHz。如果作品要求的质量很高，要达到 CD 音乐标准，则必须使用 16bit、44.1kHz 的立体声方式，其每 1min 长度的声音约占 10MB 的磁盘空间，容量是相当大的，因此既要保持较高的质量，又要减少文件的容量，常规的做法是选择 22kHz 的音频质量。

③ "ADPCM 位"（位数转换）：用于设定声音输出时的位数转换。在此提供了 4 种选项，用户可以均衡质量和容量的关系，做出合适的选择。

（2）"MP3"压缩选项可以用 MP3 压缩格式导出声音，如图 11-32 所示。

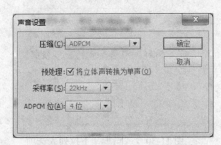

图 11-31　"ADPCM"选项设置栏

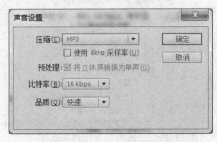

图 11-32　"MP3"选项设置栏

相关选项的作用如下。

① "预处理"：和"ADPCM"压缩选项中同名选项的作用一致。

② "比特率"：设置输出声音文件的数据采集率。其参数越大，音频的容量和质量就越高。一般情况下将它设为大于或等于 16kbit/s 效果最好。

③ "品质"：用于设置音频输出时的压缩速度和声音品质，共有"快速"、"中"和"最佳" 3 个选项。

（3）选择"原始"压缩选项导出声音时不进行压缩，如图 11-33 所示。其相关选项作用如下。

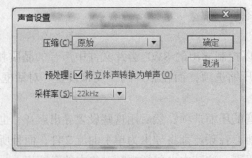

图 11-33　"原始"选项设置栏

① "预处理"：和 "ADPCM" 压缩选项中同名选项的作用一致。

② "采样率"：和 "ADPCM" 压缩选项作用基本一致。对于语音来说，5kHz 是最低的可接受标准。对于音乐短片，11kHz 是最低的建议声音品质，而这只是标准 CD 比率的 1/4。22kHz 是用于 Web 回放的常用选择，这是标准 CD 比率的 1/2。44kHz 是标准的 CD 音频比率。

"声音属性"对话框如图 11-34 所示。相关按钮作用如下。

图 11-34　"声音属性"对话框

① [更新(U)]：单击此按钮后可以方便及时地更新音频文件，如利用其他软件对原有的音频文件调整后，可以通过此按钮及时更新。

② [导入(I)...]：单击此按钮后另外选择一个音频文件替换当前文件。

③ [测试(T)]：单击此按钮后测试声音效果。

④ [停止(S)]：单击此按钮后终止当前声音的播放。

5. Flash CS5 对音频的操作示例

导入声音文件并应用到作品中是对音频知识的基本应用，在此基础上用户还应熟悉一些简单的调整和设置方法。声音压缩方式是减小文件容量的有效途径，在创作作品时也应该了解相应的技巧，下面通过两个具体的例子介绍相关的技巧。

创建如图 11-35 所示的效果，引入并调整声音属性。

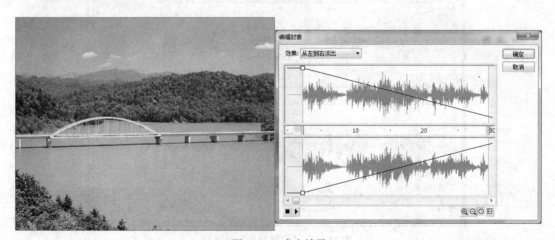

图 11-35　声音效果

要实现这一效果，首先要掌握音频"属性"面板多个设置选项的用法，还要熟悉"编辑封套"窗口相关选项的设置方法，关键是掌握不同声调效果的调整以及裁切声音的方法。

（1）新建一个 Flash 文档。选择"文件"|"导入"|"导入到舞台"菜单命令，在"导入"窗口中选择一个图片，如"picture.jpg"文件，单击 打开(O) 按钮。

（2）选择"文件"|"导入"|"导入到舞台"菜单命令，导入音乐，如"music.mp3"文件，然后单击 打开(O) 按钮导入音频。

（3）在"时间轴"窗口单击"图层 1"层中的第 1 帧，选择"窗口"|"属性"菜单命令，打开"属性"面板，该面板的右侧区域为音频设置栏。

（4）在"名称"下拉列表中选择"music.mp3"选项，将音频文件应用到作品中，如图 11-36 所示。

（5）单击"效果"选项，在弹出的下拉列表中选择"向右淡出"选项，如图 11-37 所示。

图 11-36 "名称"列表选择名称

（6）单击"同步"选项，在弹出的下拉列表中选择"事件"选项，如图 11-38 所示。

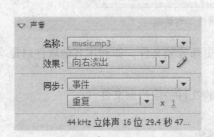

图 11-37 "效果"列表选择"向右淡出"

图 11-38 "同步"下拉列表选项

（7）单击 ✐ 按钮，打开"编辑封套"对话框，如图 11-39 所示。

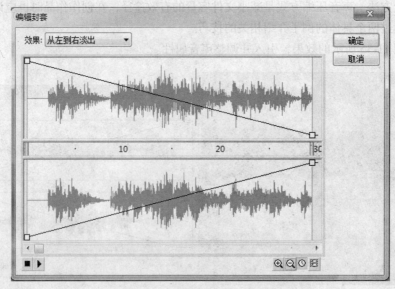

图 11-39 "编辑封套"对话框

（8）在窗口波形图中，调整开始点的位置裁切声音，如图 11-40 所示，去除前面一段很短的空白。

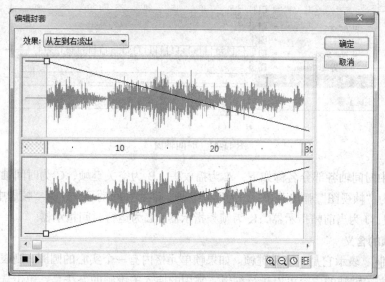

图 11-40　剪辑音频素材

由于波形图编辑区的观看区域有限，使导入的音频波形图无法完全展示时，读者可以拖动下方的滑动条，或是运用放大工具 和缩小工具 来辅助完成调整工作。

（9）编辑完成后，单击播放按钮 ▶ 测试音效，再单击停止按钮 ■ 终止声音播放，单击 确定 按钮退出"编辑封套"对话框。

11.3　Flash 动画制作基础

Flash 的主要功能就是可以制作非常丰富的动画效果，掌握动画制作的基本方法是实现制作快速、强大动画功能的基础。

11.3.1　Flash 动画的种类

Flash 动画分为补间动画和帧帧动画，这两种动画可以分别实现不同的动画效果，在实际的设计工作中都会频繁地应用。

1. Flash 动画的种类

（1）补间动画：也叫过渡动画。制作若干关键帧画面，由 Flash 计算生成各关键帧之间的各个帧，使画面从一个关键帧过渡到另一个关键帧。补间动画又分为动作动画和形状动画。

（2）帧帧动画：制作好每一帧画面，每一帧内容都不同，然后连续依次播放这些画面，即可生成动画效果。这是最容易掌握的动画，Gif 格式的动画就是属于这种动画。

帧帧动画适于制作非常复杂的动画，每一帧都是关键帧，每一帧都由制作者确定，而不是由 Flash 通过计算得到。与过渡动画相比，帧帧动画的文件字节数要大得多，并且不同种类帧的表示方法也不同。时间轴窗口如图 11-41 所示，其中，有许多图层和帧单元格（简称帧），每一行表示一个图层，每一列表示一帧。各个帧的内容会不相同，不同的帧表示了不同的含义。

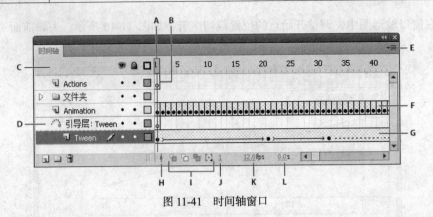

图 11-41　时间轴窗口

图 11-41 中时间轴各部分名称如下：A 为播放头，B 为空关键帧，C 为时间轴标题，D 为引导层图标，E 为"帧视图"弹出菜单，F 为逐帧动画，G 为补间动画，H 为"帧居中"按钮，I 为"绘图纸"按钮，J 为当前帧指示器，K 为帧频指示器，L 为运行时间指示器。

2．不同帧的含义

① 关键帧▪：表示它是一个关键帧。如果帧单元格内有一个实心的圆圈，则表示它是一个有内容的关键帧。关键帧的内容可以进行编辑。常用的插入关键帧的方法是：单击选中某一帧单元格，再按"F6"键。

② 普通帧▭：在关键帧的右边的浅灰色背景帧单元格是普通帧，表示它的内容与左边的关键帧内容一样。常采用的插入普通帧的方法是：单击选中某一个帧单元格，再按"F5"键，则从关键帧到选中的帧之间的所有帧均变成普通帧。

③ 空白关键帧○：也叫白色关键帧。帧单元格内有一个空心的圆圈 ，则表示它是一个没有内容的关键帧，空白关键帧内可以创建内容。如果新建一个 Flash 文件，则会在第 1 帧自动创建一个空白关键帧○。

④ 空白帧▭：也叫帧。该帧内是空的。单击选中某一个空白帧单元格，再按"F7"键，即可将它转换为空白关键帧。

⑤ 动作帧▪：该帧本身也是一个关键帧，其中有一个字母"a"，表示这一帧中分配有动作（Action），当影片播放到这一帧时会执行相应的动作脚本程序。要加入动作需调出"动作—帧"面板。

⑥ 过渡帧：是两个关键帧之间创建补间动画后由 Flash 计算生成的帧，它的底色为浅蓝色或浅绿色。不可以对过渡帧进行编辑。

3．创建各种帧的其他方法

（1）单击选中某一个帧单元格，再选择"插入"|"时间轴"下相应的命令。

（2）将鼠标指针移到要插入关键帧的帧单元格处，右击鼠标，调出快捷菜单。再单击快捷菜单中相应的菜单命令。

4．不同种类动画的表示方法

① 动作动画▭▭▭▭▭：在关键帧之间有一条水平指向右边的黑色箭头，帧单元格为浅蓝色背景。

② 形状动画▭▭▭▭▭：在关键帧之间也有一条水平指向右边的黑色箭头，但帧单元格为浅绿色背景。

③ 虚线▭▭▭▭▭：表示在创建过渡动画中存在错误，无法正确完成动画的制作。

11.3.2 Flash 影片的制作过程概述

下面介绍 Flash 影片的制作过程。

1. 新建一个影片文件并设置影片的基本属性

（1）新建一个影片文件。

新建一个影片文件有如下两种方法：单击主要工具栏内的"新建"按钮，即可创建一个新影片舞台，也就创建了一个 Flash 影片文件；或选择"文件" | "新建"菜单命令，调出"新建文档"对话框，单击选中该对话框中的"ActionScript 3.0"选项，如图 11-42 所示；然后单击 确定 按钮，即可创建一个新影片舞台。

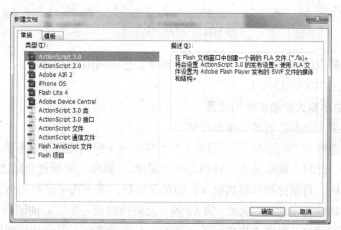

图 11-42 "新建文档"对话框

（2）设置影片的基本属性。

选择"修改" | "文档"菜单命令，打开"文档属性"对话框，利用该对话框，设置影片的尺寸为宽 400px、高 200px，背景色值为"#00CCFF"。完成设置后单击 确定 按钮，退出"文档属性"对话框。

2. 输入文字

输入文字的操作如下。

（1）单击工具箱内的"文本工具"按钮 T，再单击舞台工作区的中间位置，调出"文本工具"的"属性"面板。

（2）在该"属性"面板内的"系列"下拉列表框 系列：微软雅黑 中，设置字体为"微软雅黑"；在"字体大小"文本框 大小：48.0 点 中，设置字体大小为"36 点"；在下拉"样式"列表框 样式：Bold 中设置文字为加粗。

（3）单击"属性"面板中的颜色板。在不松开鼠标左键的同时，将鼠标指针（此时为吸管状）移到红色色块处，然后松开鼠标左键，即可设定文字的颜色为红色。此时的"属性"面板如图 11-43 所示。

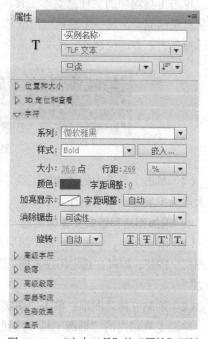

图 11-43 "文本工具"的"属性"面板

（4）在舞台工作区内输入"勤教力学，为人师表"文字。此时，时间轴的"图层 1"图层的第 1 帧变为关键帧，第 1 帧单元格内出现一个实心的圆圈，如图 11-44 所示。

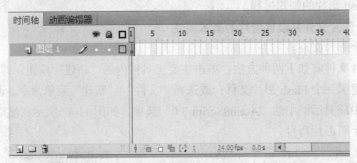

图 11-44　创建文字关键帧

（5）单击工具箱内的"选择工具"按钮 ，再单击选中刚刚输入的文字。然后，用鼠标拖曳它，使它移到舞台工作区的正中间。

3. 创建文字由小到大逐渐扩展的动画

创建文字由小到大逐渐扩展的动画操作如下。

（1）用鼠标右键单击"图层 1"图层的第 1 帧，弹出一个帧快捷菜单，再单击该菜单中的"创建补间动画"命令。此时，该帧具有了移动动画的属性，"属性"面板也会随之发生变化。

（2）在时间轴内，将鼠标指针移到第 60 帧单元格处，单击选中该单元格，再按"F6"键，即可创建第 1～60 帧的移动动画。此时，第 60 帧单元格内出现一个实心的圆圈，表示该单元格为关键帧；第 1～60 帧的单元格内会出现一条水平指向右边的箭头，表示动画制作成功。

（3）单击工具箱内的"选择工具"按钮 ，再单击第 1 帧，同时也选中了舞台工作区内的文字。单击工具箱中的"任意变形工具"按钮 ，再单击"选项"栏内的"缩放"按钮 。此时，文字对象四周会出现一个黑色矩形框和 8 个黑色的小正方形控制柄，如图 11-45 所示。此时，用鼠标拖曳右下方的控制柄，使文字缩小。

图 11-45　文字对象变形

（4）单击工具箱内的"选择工具"按钮 ，单击第 60 帧，再将文字调大。至此，文字由小到大逐渐扩展的动画就制作完毕了。

4. 增加图层和绘制立体球图形

（1）增加图层：单击时间轴"图层控制区"内的"图层 1"图层，再单击时间轴左下角的"插入图层"按钮，即可在选定图层（即"图层 1"图层）之上增加一个新的图层（名字自动定为"图层 2"）。

（2）绘制立体球图形：单击"图层 2"图层的第 1 帧单元格。

单击工具箱内的"椭圆工具"按钮 ，选中"笔触颜色"图标，单击"颜色"栏内的"没有颜色"图标 ，使绘制的圆形图形没有轮廓线。再单击工具箱中"颜色"栏内的"填充色"按钮 ，打开如图 11-46 所示的颜色板。然后，单击该颜色板左下角第 3 个按钮 。

将鼠标指针移到舞台的左上角，按住"Shift"键，用鼠标拖曳绘制一个红色的立体球，如图 11-47 所示。

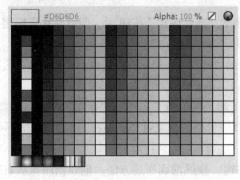

图 11-46　颜色板　　　　　　　　　　　　　图 11-47　绘制一个红色的立体球

5. 创建红色立体球从左上角向右上角曲线移动的动画

创建红色立体球从左上角向右上角曲线移动的动画操作如下。

（1）用鼠标右键单击时间轴"图层 2"图层内的第 1 帧单元格，弹出一个帧快捷菜单，再单击该菜单中的"创建补间动画"菜单命令，此时将弹出"将所选的内容转换为元件以进行补间"的对话框，如图 11-48 所示，单出 确定 按钮。

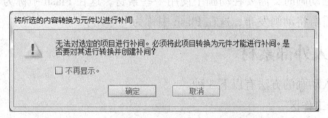

图 11-48　转换元件以进行补间对话框

（2）鼠标指向补间帧（默认为第 24 帧）边缘处，鼠标变为双向箭头状时，拖动到第 60 帧单元格，表示补间动画到第 60 帧。

（3）单击选中时间轴中的第 60 帧单元格，然后，将立体球拖曳到舞台的右上方处，再将它调大；利用选择工具改变补间运动路径，使之出现如图 11-49 所示效果。

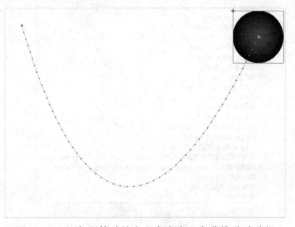

图 11-49　红色立体球从左上角向右上角曲线移动路径

至此，创建红色立体球从左上角向右上角曲线移动的动画就制作完毕了。

6. 创建云图图像从右向左移动的动画

创建云图图像从右向左移动的动画的操作如下。

（1）单击"图层 1"图层，再单击时间轴左下角的"新建图层"按钮 ，即可在选定图层（即"图层 1"图层）之上增加一个新的图层（名字自动定为"图层 3"）。

（2）用鼠标向下拖曳时间轴"图层控制区"内的"图层 3"图层，将它移到"图层 1"图层之下。其目的是使"图层 3"图层内的图像在"图层 1"图层内文字下边，形成背景效果。

（3）导入云图图像：单击"图层 3"图层的第 1 帧，再单击"文件"|"导入"|"导入到舞台"菜单命令，打开"导入"对话框。利用该对话框，选择一云图图像文件"云.png"。然后，单击 打开(O) 按钮。

（4）用鼠标将导入的风景图像拖曳到舞台的右边。按照前面所述方法，创建出图像从右边向左边移动的动画。"图层 3"图层第 60 帧的图像应移到舞台工作区中。

至此，云图图像从右边向左边移动的动画就制作完毕了，整个动画也制作完毕了。

11.4 导入、导出和素材处理

制作一个复杂的动画时，需要在动画中使用一些素材，这在 Flash 中称为"导入"。当我们制作好一幅动画后，需要将动画发布，这在 Flash 中称为"导出"。

11.4.1 导入外部素材

将外部素材导入动画的方法有以下 3 种。

1. 导入到舞台工作区

选择"文件"|"导入"|"导入到舞台"菜单命令，打开"导入"对话框。利用该对话框选择文件。单击 打开(O) 按钮，即可将选定的素材导入到舞台工作区和"库"面板中。可以导入的外部素材有矢量图、位图、视频影片及声音素材等，文件的格式很多，如图 11-50 所示。

图 11-50 "文件类型"下拉列表

（1）如果一个导入的文件有多个图层，则 Flash 会自动创建新层以适应导入的图像。

（2）Flash CS5 支持 FLV 和 F4V 格式的视频，如果导入的是 AVI 格式的视频文件，则会提示 Adobe Flash Player 不支持所选文件，如图 11-51 所示。我们可以使用 Adobe Media Encoder 把 AVI 格式视频文件转换为 FLV 或 F4V 视频。

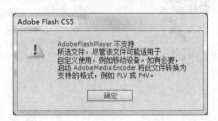

图 11-51 "导入视频"不支持视频格式文件

2．利用剪贴板导入

首先，在其他应用软件中，使用"复制"命令将图形等对象复制到剪贴板中。然后，在 Flash CS5 中，选择"编辑"|"粘贴到中心位置"菜单命令，将剪贴板中的内容粘贴到舞台工作区的中心与"库"面板中。选择"编辑"|"粘贴到当前位置"菜单命令，可将剪贴板中的内容粘贴到舞台工作区中该图像的原始位置。

选择"编辑"|"选择性粘贴"菜单命令，即可打开"选择性粘贴"对话框，如图 11-52 所示。在"作为"列表框内，单击选中一个软件名称，再单击"确定"按钮，即可将选定的内容粘贴到舞台工作区中。同时，还建立了导入对象与选定软件之间的链接。

图 11-52 "选择性粘贴"对话框

3．导入到"库"面板

选择"文件"|"导入"|"导入到库"菜单命令，打开"导入"对话框。利用该对话框选择文件，单击"打开"按钮，即可将选定的素材导入到"库"面板。

11.4.2 作品的导出与发布

利用 Flash CS5 的导出命令，可以将作品导出为影片或图像。例如，可以将整个影片导出为 Flash 影片、一系列位图图像、单一的帧或图像文件以及不同格式的活动图像、静止图像等，包括 GIF、JPEG、PNG、BMP、PICT、QuickTime 及 AVI 等格式。

1．作品的导出

下面利用"彩云.fla"文件举例说明如何导出动画作品。

（1）打开"彩云.fla"文件。

（2）从菜单栏中选择"文件"|"导出"|"导出影片"菜单命令，打开"导出影片"对话框，

如图 11-53 所示，要求用户选择导出文件的名称、类型及保存位置。

图 11-53　"导出影片"对话框

（3）首先选择一种保存类型，如"*.swf"，再输入一个文件名，然后单击 [保存(S)] 按钮，弹出一个导出进度条，作品很快就被导出为一个独立的 Flash 动画文件了。

（4）导出文件之前，用户可对导出文件的参数进行设置。从菜单栏中选择"文件"|"发布设置"菜单命令，打开"发布设置"对话框，如图 11-54 所示。

图 11-54　导出文件的参数设置

（5）关闭 Flash CS5 软件。在"我的电脑"中找到刚才导出的文件，双击该文件，即可播放这个动画。这说明动画文件已经可以脱离 Flash CS5 编辑环境而独立运行了。

要播放 SWF 文件，用户的计算机中需要安装 Flash Player（播放器）。Flash Player 有多个版本，随 Flash CS5 安装的是 Flash Player 10。

Flash CS5 能够将作品导出为多种不同的格式，其中"导出影片"命令将作品导出为完整的动画，而"导出图像"命令将导出一个只包含当前帧内容的单个或序列图像文件。

一般来说，利用 Flash CS5 的导出功能，可以导出以下类型的文件。

● Flash 影片（*.swf）文件

这是 Flash CS5 默认的作品导出格式，这种格式不但可以播放出所有在编辑时设计的动画效果和交互功能，而且文件容量小，还可以设置保护。

● Windows AVI（*.avi）文件

此格式会将影片导出为 Windows 视频，但是导出的这种格式会丢失所有的交互性。Windows AVI 是标准 Windows 影片格式，它是在视频编辑应用程序中打开 Flash 动画的非常好的格式。由于 AVI 是基于位图的格式，因此影片的数据量会非常大。

● 　Animated GIF（*.gif）文件

此格式导出含有多个连续画面的 GIF 动画文件，在 Flash 动画时间轴上的每一帧都会变成 GIF 动画中的一幅图片。

● WAV Audio（*.wav）文件

此格式将当前影片中的声音文件导出生成为一个独立的 WAV 文件。

● WMF Sequence（*.wmf）文件序列

WMF 文件是标准的 Windows 图形格式，大多数的 Windows 应用程序都支持此格式。此格式对导入和导出文件会生成很好的效果，Windows 的剪贴画就是使用这种格式。它没有可定义的导出选项，Flash 可以将动画中的每一帧都转变为一个单独的 WMF 文件导出，并使整个动画导出为 WMF 格式的图片文件序列。

● Bitmap Sequence（*.bmp）文件序列

导出一个位图文件序列，动画中的每一帧都会转变为一个单独的 BMP 文件，其导出设置主要包括图片尺寸、分辨率、色彩深度以及是否对导出的作品进行抗锯齿处理。

● JPEG Sequence（*.jpg）文件序列

导出一个 JPEG 格式的位图文件序列，JPEG 格式可将图像保存为高压缩比的 24 位位图。JPEG 更适合显示包含连续色调（如照片、渐变色或嵌入位图）的图像。动画中的每一帧都会转变为一个单独的 JPEG 文件。

Flash 影片的导出文件参数设置对话框如图 11-54 所示，其中的主要选项介绍如下。

● "版本"

设置导出的 Flash 作品的版本。在 Flash CS5 中，可以有选择地导出各版本的作品。如果设置版本较高，则该作品无法使用较低版本的 Flash Player 播放。

● "加载顺序"

此选项控制着 Flash 在速度较慢的网络或调制解调器连接上先绘制影片的哪些部分，设定在客户端动画作品中各层的下载显示顺序，也就是客户首先看到的是哪些动画对象。可以选择按从下至上的顺序或从上至下的顺序下载显示。这个选项只对动画作品的开始帧起作用，动画中的其他帧的显示不会受到这一参数的控制。实际上，其他帧中各层的内容是同时显示的。

● "ActionScript 版本"

选择导出的影片所使用的动作脚本的版本号。ActionScript 不同版本的语法要求不完全相同，因此，对于 Flash 8 及以前的版本，应选择 ActionScript 2.0；对于 Flash CS5，应选择 ActionScript 3.0。

● "生成大小报告"

在导出 Flash 作品的同时，将生成一个报告（文本文件），按文件列出最终的 Flash 影片的数据量。该文件与导出的作品文件同名。

● "防止导入"

可防止其他人导入 Flash 影片并将它转换回 Flash 文档（.fla）。可使用密码来保护 Flash SWF 文件。

● "省略 Trace 动作"

使 Flash 忽略发布文件中的 Trace 语句。选择该复选框，则"跟踪动作"的信息就不会显示在"输出"面板中。

● "允许调试"

激活调试器并允许远程调试 Flash 影片。如果选择该复选框，可以选择用密码保护 Flash 影片。

● "压缩影片"

可以压缩 Flash 影片，从而减小文件大小，缩短下载时间。当文件有大量的文本或动作脚本时，默认情况下会启用此复选框。

● "导出隐藏的图层"

导出 Flash 文档中所有隐藏的图层。取消对该复选框的选择，将阻止把文档中标记为隐藏的图层（包括嵌套在影片剪辑内的图层）导出。

● "导出 SWC"

导出.swc 文件，该文件用于分发组件。.swc 文件包含一个编译剪辑、组件的 ActionScript 类文件以及描述组件的其他文件。

● "JPEG 品质"

若要控制位图压缩，可以调整"JPEG 品质"滑块或输入一个值。图像品质越低（高），生成的文件就越小（大）。可以尝试不同的设置，以便确定在文件大小和图像品质之间的最佳平衡点。值为 100 时图像品质最佳，压缩比最小。

● "音频流"|"音频事件"

设定作品中音频素材的压缩格式和参数。在 Flash 中对于不同的音频引用可以指定不同的压缩方式。要为影片中的所有音频流或事件声音设置采样率和压缩，可以单击"音频流"或"音频事件"旁边的 设置 按钮，然后在"声音设置"对话框中选择"压缩"、"比特率"和"品质"选项。注意：只要下载的前几帧有足够的数据，音频流就会开始播放，它与时间轴同步。事件声音必须完全下载完毕才能开始播放，除非明确停止，它将一直连续播放。

● "覆盖声音设置"

勾选此项，则本对话框中的音频压缩设置将对作品中所有的音频对象起作用。如果不勾选此项，则上面的设置只对在属性对话框中没有设置音频压缩（"压缩"项中选择"默认"）的音频素材起作用。勾选"覆盖声音设置"复选框将使用选定的设置来覆盖在"属性"面板的"声音"部分中为各个声音设置的参数。如果要创建一个较小的低保真度版本的影片，则需要选择此选项。

2. 作品的发布

"发布"命令可以创建 SWF 文件，并将其插入浏览器窗口中的 HTML 文档，也可以以其他文

件格式（如 GIF、JPEG、PNG 和 QuickTime 格式）
发布 FLA 文件。

选择"文件"|"发布设置"菜单命令，打开"发
布设置"对话框，如图 11-55 所示，在其中选择发
布文件的名称及类型。

在"格式"选项卡的"类型"栏中，可以选择
在发布时要导出的作品格式，被选中的作品格式会
在对话框中出现相应的参数设置，可以根据需要选
择其中的一种或几种格式。

文件发布的默认目录是当前文件所在的目录，
也可以选择其他的目录。单击 按钮，即可选择不
同的目录和名称，当然也可以直接在文本框中输入
目录和名称。

设置完毕后，如果单击 确定 按钮，则保存
设置，关闭"发布设置"对话框，但并不发布文件。
只有单击 发布 按钮，Flash CS5 才按照设定的文
件类型发布作品。

Flash CS5 能够发布 7 种格式的文件，当选择要
发布的格式后，相应格式文件的参数就会以选项卡
的形式出现在"发布设置"对话框，如图 11-55 所示。

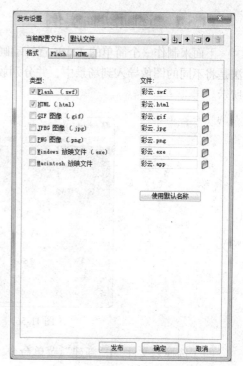

图 11-55　"发布设置"对话框

用户可以勾选"Windows 放映文件（.exe）"和"Macintosh 放映文件"选项，利用此选项可
以生成能够直接在 Windows 中播放而不需要 Flash 播放器的动画作品。

11.5　应 用 实 例

下面通过入门动画作品来说明 Flash CS5 基本的文件操作，使读者对 Flash CS5 软件有一个感
性的认识。

一般来说，制作 Flash 动画作品的基本工作流程如下。

（1）作品的规划。确定动画要执行哪些基本内容和动作。

（2）添加媒体元素。创建并导入媒体元素，如图像、视频、声音及文本等。

（3）排列元素。在舞台上和时间轴中排列这些媒体元素，以定义它们在应用程序中显示的时
间和显示方式。

（4）应用特殊效果。根据需要应用图形滤镜（如模糊、发光和斜角），混合和其他特殊效果。

（5）使用 ActionScript 控制行为。编写 ActionScript 代码以控制媒体元素的行为方式，包括这
些元素对用户交互的响应方式。

（6）测试动画。进行测试以验证动画作品是否按预期工作，查找并修复所遇到的错误。在整
个创建过程中应不断测试动画作品。

（7）发布作品。根据应用需要，将作品发布为可在网页中显示并可使用 Flash Player 回放的
SWF 文件。

11.5.1　逐帧动画实例

下面来制作一个简单的 Flash 逐帧动画，动画的效果是小松鼠在奔跑。该逐帧动画的制作方法是将不同的图像导入到场景中，并分别放置在同一图层的不同关键帧上。动画效果如图 11-56 所示。

图 11-56　"小松鼠在奔跑"效果图

（1）选择"文件"|"新建"菜单命令，打开"新建文档"对话框，在其中选择需要创建的文档类型。

（2）选择"Flash 文件"，单击 确定 按钮，进入文档编辑界面，也就是前面介绍的 Flash CS5 操作界面。

在 Flash CS5 软件启动时，也会自动创建一个新的 Flash 文档，其默认的文件名为"未命名-1"。此后创建新文档时，系统将会自动顺序定义默认文件名为"未命名-2"、"未命名-3"等。

（3）设置舞台大小为宽 500 像素，高 277 像素。

（4）导入"背景.jpg"到舞台中，并调整位置使其覆盖整个场景；导入"松鼠 1.png"等 7 个图片文件到库中。

（5）单击"图层 1"图层第 65 帧，右键单击"插入帧"，添加新图层"图层 2"。

（6）打开库，新建元件"松鼠"，如图 11-57 所示。

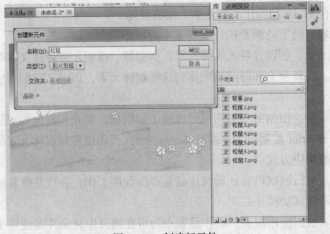

图 11-57　创建新元件

（7）打开库，单击"松鼠"元件的"图层 1"图层第 1 帧，插入空白关键帧，把"松鼠 1.png"文件拖到第 1 帧；类似地，在第 2 帧插入空白关键帧，把"松鼠 2.png"文件拖到第 2 帧，其他类似操作。操作结果如图 11-58 所示。

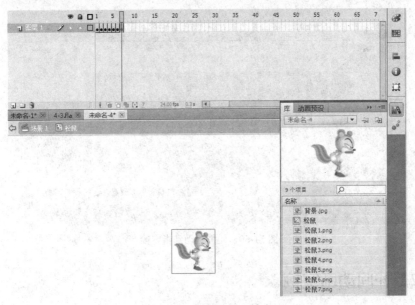

图 11-58　把图片插入帧中

（8）单击"场景 1"，返回场景 1，点击"图层 2"图层第 1 帧，右键单击"创建传统补间"命令；打开库，把"松鼠"元件拖放到舞台左边，如图 11-59 所示。

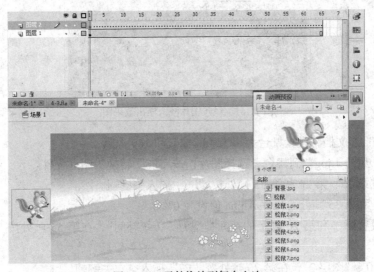

图 11-59　元件拖放到舞台左边

（9）在"图层 2"图层第 65 帧处插入关键帧，移动"松鼠"元件到舞台右边，如图 11-60所示。

图 11-60　元件移动到指定帧

11.5.2　补间动画实例

下面来制作一个 Flash 补间动画，动画的效果是风景图片的淡入淡出。该补间动画的制作方法为，首先将所需图像素材转换为元件，然后通过创建"传统补间"和设置 Alpha 值制作淡入淡出效果。动画效果如图 11-61 所示。

图 11-61　风景图片淡入淡出效果图

（1）新建 Flash 文档，设置舞台大小为 480 像素和 160 像素。

（2）导入"风景 1.jpg"到舞台，选择图片，按"F8"转换为图形元件。

（3）分别在第 15、第 20 和第 35 帧处按"F6"插入关键帧。

（4）将第 1 和第 35 帧处的元件 Alpha 值设为 0%。

（5）分别设置第 1 和第 20 帧上的补间类型为"传统补间"，在第 55 帧处按"F5"插入帧，如图 11-62 所示。

（6）新建图层"图层 2"，在第 20 帧处按"F7"插入空白关键帧。

（7）导入"风景 2.jpg"到舞台，选择图片，按"F8"转换为图形元件。

（8）分别在第 35、第 40 和第 55 帧处按"F6"插入关键帧。

（9）将第 20 和第 55 帧处的元件 Alpha 值设为 0%。

（10）分别设置第 20 和第 40 帧上的补间类型为"传统补间"，如图 11-63 所示。

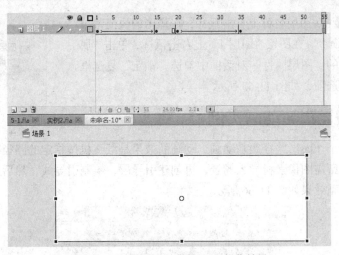

图 11-62　"图层 1"步骤 1～5 操作结果

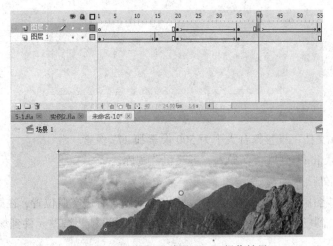

图 11-63　"图层 2"步骤 6～10 操作结果

（11）新建图层"图层 3"，使用矩形工具，在"属性"面板上设置"矩形选项"中的"矩形边角半径"为 19，并在场景上绘制圆角矩形，如图 11-64 所示。

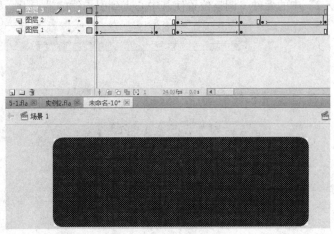

图 11-64　绘制圆角矩形

（12）在"图层 3"图层名称上右击鼠标，在弹出的快捷菜单中选择"遮罩层"命令，在图层"图层 1"上右击鼠标，单击"属性"命令，在弹出的"图层属性"对话框中勾选"锁定"复选框并选择"被遮罩"选项，如图 11-65 所示。

图 11-65   遮罩层

11.5.3   路径跟随动画实例

下面来制作一个 Flash 路径跟随动画，动画的效果是纸飞机按指定的路径飞行。该动画的制作方法为，首先将所需图像素材导入场景，再创建引导层，绘制引导线，然后对元件进行相应的设置完成制作。动画效果如图 11-66 所示。

图 11-66   纸飞机飞行效果图

（1）新建 Flash 文档，设置舞台大小为 500 像素和 277 像素。

（2）导入"背景.jpg"到舞台；导入"纸飞机"到库。

（3）在第 70 帧处插入帧。

（4）新建图层"图层 2"，从库中拖动"元件 1"到场景右边空白位置；在第 65 帧处插入关键帧，调整"元件 1"到场景左边位置；在第 70 帧处插入关键帧，调整元件到场景左边空白位置，元件 Alpha 值设为 0%。

（5）分别设置第 1 和第 65 帧上的补间类型为"传统补间"。

（6）在"图层 2"上右击鼠标，在弹出的菜单中选择"添加传统运动引导层"命令；使用钢笔工具在场景中绘制引导线。

（7）选择"图层 2"中的元件，调整位置使其中心点到引导线的端点上，如图 11-67 所示。

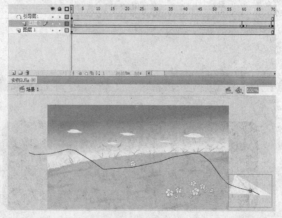

图 11-67   引导层

小　结

本章简单介绍了 Flash CS5 的用户界面，并通过 3 个简单的动画实例说明了 Flash 文档的基本操作。通过这些内容的学习，能够使用户对 Flash CS5 有一个最基本的感性认识。

作业与实验

一、选择题

1. 下面（　　）面板可以设置舞台背景。

　　A. 对齐面板　　　　B. 颜色面板　　　　C. 动作面板　　　　D. 属性面板

2. 不修改时间轴，对下列（　　）参数进行改动可以让动画播放的速度更快些。

　　A. alpha 值　　　　B. 帧频　　　　　　C. 填充色　　　　　D. 边框色

3. 把矩形变为三角形，应用（　　）最方便。

　　A. 钢笔工具　　　　　　　　　　　　　B. 任意变形工具

　　C. 套索工具　　　　　　　　　　　　　D. 手形工具

4. 画圆形时，先选取椭圆工具，同时按下（　　）键。

　　A. ctrl　　　　　　　B. alt　　　　　　　C. shift　　　　　　D. delete

5. 仅进行下边两个操作：在第 1 帧画一个月亮，第 10 帧处按下"F6"键，则第 5 帧上显示的内容是（　　）。

　　A. 一个月亮　　　　　　　　　　　　　B. 空白

　　C. 不能确定　　　　　　　　　　　　　D. 有图形，但不是月亮

6. 一个动画有两个图层，图层 1 是幅风景画，图层 2 是一个红色五角星，图层 2 为遮罩层，图层 1 为被遮罩层，则最终看到的效果是（　　）。

　　A. 红色的五角星

　　B. 里边是风景画的五角星

　　C. 整个风景画

　　D. 整个风景画与红色五角星

7. Alpha 是（　　）。

　　A. 透明度或不透明度　　　　　　　　　B. 浓度

　　C. 厚度　　　　　　　　　　　　　　　D. 深度

8. Flash 动画中插入空白关键帧的是（　　）。

　　A. F5　　　　　　　B. F6　　　　　　　C. F7　　　　　　　D. F8

9. 将图形转换为元件的快捷键是（　　）。

　　A. F8　　　　　　　B. F6　　　　　　　C. F7　　　　　　　D. F5

二、实验题

1. 设计一个逐帧动画，使文字"神奇的动画"逐字出现，动画最终效果如图 11-68 所示。

图 11-68　"逐帧动画"实验效果图

2. 设计一个补间动画，使文字"神奇的动画"形状变为 5 个圆，然后又恢复为文字，动画最终效果如图 11-69 所示。

图 11-69　"形状补间"动画实验效果图

3. 设计一个路径跟随动画，使小鸟按指定的路径飞行，动画最终效果如图 11-70 所示。

图 11-70　"路径跟随"动画实验效果图

第12章
网站制作综合应用

- 熟悉和掌握网站建设的基本流程
- 能够综合运用 Dreamweaver、Fireworks、Photoshop 和 Flash，独立设计一个内容完整、图文并茂、技术运用得当的网站

12.1 网站建设流程

12.1.1 网站策划

在实际工作中，要建设一个网站，首先要明确所要设计网站的主题是什么，再根据该网站的性质合理构思网站的布局。网站策划一般包括以下步骤。

1. 定位网站主题

所谓网站主题也就是网站所要表达信息的题材。网络上的网站题材千奇百怪，琳琅满目。有网上求职、网上聊天、社区、技术、娱乐、旅行、资讯、家庭和生活等，还有许多专业的、另类的、独特的题材可以选择，比如中医、热带鱼、天气预报等。

对于个人网站，建议选择题材时，首先主题要小而精，即定位要小，内容要精；其次题材最好是自己擅长或者喜爱的内容；再次题材不要太滥或者目标太高。

2. 定位网站 CI 形象

所谓 CI，是英文 corporate identity 的缩写，意指企业形象，即通过视觉来统一企业的形象。现实生活中的 CI 策划比比皆是，杰出的例子如可口可乐公司，全球统一的标志、色彩和产品包装给我们的印象极为深刻，又如索尼、三菱、麦当劳等。

一个杰出的网站和实体公司一样，也需要整体的形象包装和设计。准确的、有创意的 CI 设计，对网站的宣传推广有事半功倍的效果。

网站 CI 一般包括网站标志、标准色彩、标准字体和宣传标语等，是一个网站树立 CI 形象的关键。

3. 确定网站的栏目和板块

建立一个网站好比写一篇文章，首先要拟好提纲，文章才能主题明确，层次清晰；也好比造一座高楼，首先要设计好框架图纸，才能使楼房结构合理。

栏目的实质是一个网站的大纲索引，索引应该将网站的主体明确显示出来。在制定栏目的时候，要仔细考虑，合理安排。网站栏目要注意紧扣主题，一般的网站栏目包括：最近更新或网站

指南栏目、可以双向交流的栏目、下载或常见问题回答栏目及其他的辅助内容（如关于本站、版权信息等）。

板块比栏目的概念要大一些，每个板块都有自己的栏目。举个例子，网易的站点分新闻、体育、财经、娱乐及教育等板块，每个板块下面有各自的主栏目。设置板块时，应该注意以下几点。

① 各板块要有相对独立性。

② 各板块要相互关联。

③ 板块的内容要围绕站点主题。

一般的个人站点内容少，只有主栏目（主菜单）就够了，不需要设置板块。

4. 确定网站的目录结构和链接结构

网站的目录是指建立网站时创建的文件目录。目录结构的好坏，对浏览者来说并没有什么太大的感觉，但是对于站点本身的上传维护、未来内容的扩充和移植有着重要的影响。

下面是建立目录结构的一些建议。

① 不要将所有文件都存放在根目录下。

② 按栏目内容建立子目录。

③ 在每个主目录下都建立独立的 images 目录。

④ 目录的层次不要太深，建议不要超过 3 层。

⑤ 其他需要注意的包括：不要使用中文目录，不要使用过长的目录，尽量使用意义明确的目录等。

网站的链接结构是指页面之间相互链接的拓扑结构。它建立在目录结构基础之上，但可以跨越目录。

一般地，建立网站的链接结构有两种基本方式。

① 树状链接结构（一对一）。首页链接指向一级页面，一级页面链接指向二级页面。

② 星状链接结构（一对多）。每个页面相互之间都建立有链接。

在实际的网站设计中，总是将这两种结构混合起来使用。

5. 确定网站的整体风格和创意设计

网站的风格是指站点的整体形象给浏览者的综合感受。这个"整体形象"包括站点的 CI（标志、色彩、字体、标语等），版面布局，浏览方式，交互性，文字，语气，内容价值，存在意义，站点荣誉等诸多因素。比如，我们觉得网易是平易近人的，迪斯尼是生动活泼的，IBM 是专业严肃的。这些都是网站给人们留下的不同感受。

风格是独特的，是站点不同于其他网站的地方，或者是色彩，或者是技术，或者是交互方式，能让浏览者明确分辨出这是网站独有的；风格又是有人性的，通过网站的外表、内容、文字及交流可以概括出一个站点的个性和情绪。

以下几条是确定网站风格的参考意见。

① 将标志 Logo 尽可能地出现在每个页面上，页眉、页脚或背景均可。

② 突出标准色彩。文字的链接色彩、图片的主色彩、背景色及边框等色彩尽量使用与标准色彩一致的色彩。

③ 突出标准字体。在关键的标题、菜单及图片里使用统一的标准字体。

④ 想一条朗朗上口的宣传标语。把它放在网站的横幅广告里，或者放在醒目的位置。

⑤ 使用统一的语气和人称。即使是多个人合作维护，也要让读者觉得是同一个人写的。

⑥ 使用统一的图片处理效果。比如阴影效果的方向、厚度及模糊度都必须一样。

⑦　创造站点特有的符号或图标。

⑧　用自己设计的花边、线条、点。

⑨　展示网站的荣誉和成功作品。

网站的创意是网站生存的关键，是传达网站信息的一种特别方式。创意的目的是更好地宣传推广网站。

12.1.2　设计网页

在我们全面考虑好网站的栏目、链接结构和整体风格之后，就可以正式开始动手制作网页，特别是首页。

首页的设计是整个网站设计的难点，是网站成功与否的关键。一般的设计步骤如下。

1. 确定首页的功能模块

首页的功能模块是指需要在首页上实现的主要内容和功能。一般的站点都需要这样一些模块：网站名称（logo）、广告条（banner）、主菜单（menu）、新闻（what's new）、搜索（search）、友情链接（links）、邮件列表（maillist）、计数器（count）及版权（copyright）等。

2. 设计首页的版面

在功能模块确定后，开始设计首页的版面。设计版面的最好方法是：找一张白纸和一支笔，先将理想中的草图勾勒出来，然后再用网页制作软件实现。

3. 处理技术上的细节

常见的技术细节如制作的主页如何能在不同分辨率下保持不变形，如何能在 IE 和 Firefox 下看起来都不至于太丑陋，如何设置字体和链接颜色等。

其他二级网页，在设计时应当保持与首页风格的一致性。

12.1.3　测试站点

网站设计完成后，我们必须测试站点，一般有浏览器兼容性测试和超链接测试。

1. 测试网站的浏览器兼容性

在 Dreamweaver CS5 中，我们可以测试网站的浏览器兼容性。

（1）选择菜单栏中"窗口"｜"结果"｜"浏览器检查"命令，如图 12-1 所示。

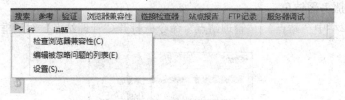

图 12-1　检查浏览器兼容性

（2）单击左上角的 按钮，在打开的菜单中选择"设置"，打开"目标浏览器"对话框，设置浏览器的最低版本，如图 12-2 所示。

（3）设置完成后，单击"确定"按钮，退出"目标浏览器"对话框。

（4）在"结果"面板中，单击 按钮，选择"检查浏览器兼容性"。

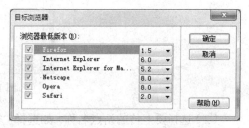

图 12-2　设置目标浏览器最低版本

（5）检查完成后，会在"结果"面板的列表框中显示检查结果，标识出存在的浏览器兼容性问题及详细内容。

2. 测试网站的超链接

在 Dreamweaver CS5 中，我们可以测试网站的超链接。

（1）选择菜单栏中"窗口"|"结果"|"链接检查器"命令，如图 12-3 所示。

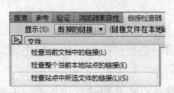

图 12-3　检查站点链接

（2）单击左上角的 ▶▼ 按钮，选择"检查整个当前本地站点的链接"。

（3）检查完成后，会在"结果"面板的列表框中显示检查结果，如图 12-4 所示。

图 12-4　超链接测试结果

（4）在显示的下拉菜单中有 3 个选项，分别是："断掉的链接"、"外部链接"和"孤立文件"，用来查看当前站点中"断掉的链接"、"外部链接"和"孤立文件"的相关信息。具体如下。

① "断掉的链接"：是否存在断开的链接，是默认选项。

② "外部链接"：外部链接是否有效。

③ "孤立文件"：站点中是否存在孤立的文件。

修复"断掉的链接"，只需打有要修复的网页，输入正确的链接地址就可以了。

12.1.4　发布站点

1. 设置远程服务器信息

（1）选择菜单栏中"站点"|"管理站点"命令，打开"管理站点"对话框，如图 12-5 所示。

图 12-5　管理站点

（2）选择要上传的站点名称，如选择"家乡风光"，单击"编辑"按钮，打开"站点设置对象"对话框，如图 12-6 所示。

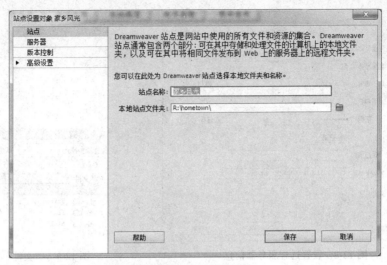

图 12-6　站点设置对象

（3）设置服务器，点击"服务器"，如图 12-7 所示。

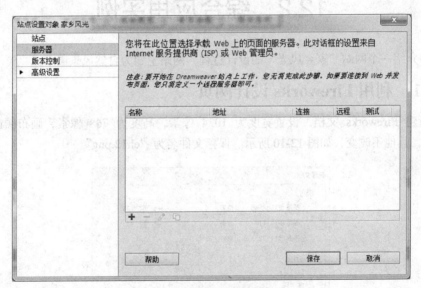

图 12-7　添加远程服务器

单击添加按钮 ➕，在基本设置中填入"服务器名称"为"计算机基础教学网"，"连接方法"选择"FTP"，"FTP 地址"输入"pc.hstc.cn"，"用户名"输入"2011101199"（学号），"密码"输入"19921223"（生日），"Web URL"输入"http://2011101199.hpd.pc.hstc.cn"。如图 12-8 所示。

完成设置后，单击"测试"按钮，可测试是否能链接到远程服务器。

（4）测试无误后，单击"确定"按钮，完成基本信息设置。

2.　上传站点

（1）在"文件"面板单击链接按钮 🔗，与远程服务器建立链接，如图 12-9 所示。

（2）在本地目录中选择上传的文件或文件夹，单击上传按钮 ⬆ 开始上传文件，上传文件的时间取决计算机及网络的速度。

（3）打开浏览器，在地址栏中输入"http://2011101199.hpd.pc.hstc.cn"，即可浏览到作品。

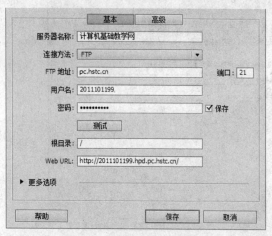

图 12-8 设置远程服务器信息

图 12-9 "文件"面板

12.2 综合应用实例

本节将介绍一个网站"家乡风光"的设计过程，网站主题为自然风景展示。

12.2.1 利用 Fireworks 设计网页

（1）新建 Fireworks 文档，设置宽度为 1024 像素，高度为 768 像素，画布颜色为自定义 "#F0F0F0"，其他不改变，如图 12-10 所示。保存文件名为"ch12.png"。

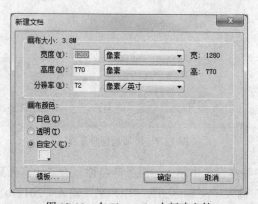

图 12-10 在 Fireworks 中新建文件

（2）利用钢笔工具，在图形右边绘制一些不规则点，使这些点组成一个不规则的闭合图形，然后将其设置填充颜色为"蓝色"，设羽化为"24px"，效果如图 12-11 所示。

（3）利用文字工具，在其中输入"HOME"几个字母，注意每个字母要一个文本框，字母颜色为"红色"，字体为"Wide Latin"，字号为"80"，效果如图 12-12 所示。

（4）打开"1.jpg"，利用椭圆工具，设羽化值为"24px"，选取中间部分，如图 12-13 所示。

图 12-11　在 Fireworks 中设计不规则图形并着色和羽化

图 12-12　加入文字效果

图 12-13　椭圆工具选取

（5）将其复制并粘贴到"ch12.png"中，效果如图 12-14 所示。

图 12-14　复制粘贴图

（6）利用椭圆工具，在图形右边绘制一个圆形，大小为 24 像素×24 像素，颜色为"绿色"，添加凸起浮雕和光晕效果，该圆形可作图标。在其前输入文字"小桥流水"，大小为"32"，颜色设置为"白色"，效果如图 12-15 所示。

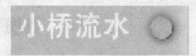

图 12-15　制作导航

（7）参照步骤 6，复制其他的几个图标并且输入其他文字说明，效果如图 12-16 所示。

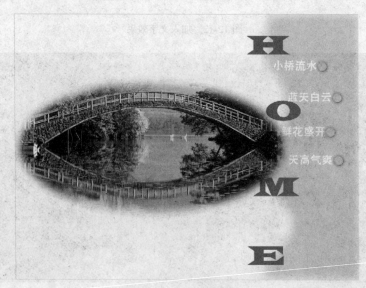

图 12-16　加入其他导航

（8）利用"矩形热点"工具，为图片添加热点以链接到其他页面，效果如图 12-17 所示。

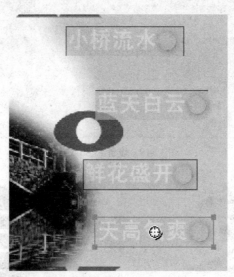

图 12-17　加入热点效果图

（9）导出制作好的图片，文件名为"hometown.htm"，如图 12-18 所示。

图 12-18　导出网页

12.2.2　利用 Flash 设计动画

（1）新建 Flash 文档，设置大小为 200 像素 × 400 像素，背景颜色为"#F0F0F0"，帧频为"6"，如图 12-19 所示。保存文件名称为"hometown.fla"。

（2）新建 3 个影片剪辑元件，在其中分别输入"家"、"乡"和"美"，字体分别为"华文楷体"、"华文细黑"和"华文琥珀"，颜色分别为"红"、"蓝"和"绿"，大小为"36"，如图 12-20 所示。

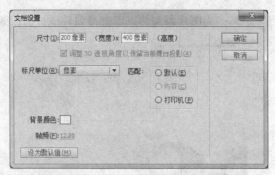

图 12-19　设置 Flash 文档

图 12-20　3 个影片剪辑元件

（3）按"CTRL+E"组合键回到主界面，单击"时间轴"面板中的"插入图层"按钮 2 次，新建 2 个图层，将 3 个元件分别从"库"面板中拖到主场景的工作区中，按图 12-21 所示进行排列。

家

乡

图 12-21　排列文字

（4）在每个图层的第 10 帧和第 20 帧插入关键帧，将第 10 帧的文字进行拖动，为每两个关键帧之间创建传统补间动画，此时的"时间轴"面板如图 12-22 所示。

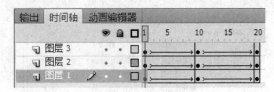

图 12-22　时间轴面板

12.2.3　利用 Dreamweaver 制作网站

（1）新建 HTML 页面，并保存为"index.htm"。

（2）新建站点，站点名称为"家乡风光"，选择本地根目录文件夹为刚才保存的页面所在位置（这里为"R:\hometown\"），如图 12-23 所示。设置本地信息中的默认图像文件夹为"R:\hometown\images\"。

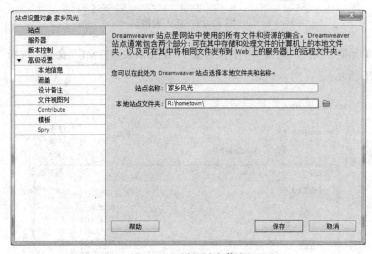

图 12-23　设置站点信息

（3）修改页面属性中的背景颜色为"#F0F0F0"，如图 12-24 所示。

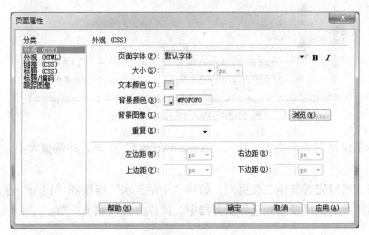

图 12-24　修改页面属性

（4）插入一个 1×2 的表格，将表格边框粗细设为"0"，宽度设为"100%"，如图 12-25 所示。

图 12-25　插入表格

（5）选择右单元格，执行"插入"|"图像对象"|"Fireworks HTML"命令，选择"hometown.htm"文件，如图 12-26 所示。

图 12-26　插入 Fireworks HTML

（6）将光标定位在左单元格中，插入"hometown.swf"动画，并调整大小，效果如图 12-27 所示。

（7）接下来，可以完善其他二级页面，如将"小桥流水"链接到"1.jpg"等。

（8）完成后，我们可以发布到远程服务器中，操作方法参照上一节。

图 12-27 插入 Flash 动画

小 结

本章简单介绍了网站建设的一般流程，并通过综合运用 Dreamweaver、Fireworks、Photoshop 和 Flash 创建一个实例网站。通过这些内容的学习，读者对网站建设有了一个最基本的感性认识。

作业与实验

一、选择题

1. CI 指的是（　　）。

    A. 企业标识　　　　B. 企业形象　　　　C. 企业文化　　　　D. 企业价值

2. 关于网站的板块与栏目，下列说法哪项正确？（　　）

    A. 栏目在概念上所指的范围比板块要大

    B. 板块在概念上所指的范围比栏目要大

    C. 板块与栏目没有什么关系

    D. 主题鲜明的网站，板块和栏目都没必要

3. 网站的风格不包括（　　）。

    A. 版面布局　　　　B. 内容价值　　　　C. 站点 CI　　　　D. 网站域名

二、问答题

1. 如果要设计一个个人网站，说说大致要经过哪些步骤。

2. 网站 CI 一般包括哪些关键形象。

三、实验题

1. 根据 12.2 节中综合应用实例风格，设计二级网页，使"小桥流水"、"蓝天白云"等链接到所设计的网页。

2. 应用 Dreamweaver、Fireworks、Photoshop 和 Flash 软件，参照 12.2 节的实例，设计自己的个人网站。

参考文献

［1］张宾义，吴燕军，袁彩虹等. 网站规划与网页设计（第2版）. 北京：电子工业出版社，2009.

［2］淮永建，韩静华，蔡东娜等. 网页设计与制作教程. 北京：人民邮电出版社，2009.

［3］高林，景秀. 网页制作案例教程（第2版）. 北京：人民邮电出版社，2009.

［4］崔亚量. 网页制作三剑客经典实例通. 北京：电子科技大学出版社，2004.

［5］施书恩，李冬梅. 巧学巧用 Dreamweaver、Fireworks、Flash 制作网页. 北京：人民邮电出版社，2005.

［6］赵丰年. 网页制作教程（第三版）. 北京：人民邮电出版社，2006.

［7］中华网科技频道. http://tech.china.com/zh_cn/netschool/homepage/dreamweaver/

［8］Adobe 公司. Dreamweaver CS5 帮助文件.

［9］我要自学网. Dreamweaver CS5 网页制作教程. http://www.51zxw.net/list.aspx?cid=321

［10］金卫萍. 网页设计与制作中 AP Div 元素的应用课例.
http://www.cskj.sjedu.cn/dwjs/zfjt/zyp/jxal/11/219228.shtml

［11］胡仁喜，刘昌丽. Fireworks 入门与提高实例教程. 北京：机械工业出版社，2010.

［12］张立君，王立. Photoshop 图像处理. 北京：中国计划出版社，2007.

［13］前沿思想. 案例风暴：Flash CS4 动画设计与制作 300 例. 北京：兵器工业出版社，2010.

［14］崔洲浩，龙飞. 中文版 Flash 从新手到高手完全技能进阶. 北京：航空工业出版社，2010.